中山出版
ZHONGSHAN　PUBLISHING
香山承文脉　好书读百年

廖薇 著

我的公园漫游笔记

自然课堂

SPM
南方出版传媒
广东人民出版社
·广州·

图书在版编目（CIP）数据

自然课堂：我的公园漫游笔记 / 廖薇著 . — 广州 : 广东人民出版社，2019.7

ISBN 978-7-218-13700-1

Ⅰ . ①自… Ⅱ . ①廖… Ⅲ . ①自然科学 – 普及读物 ②公园 – 中山 – 通俗读物 Ⅳ . ① N49 ② K928.73-49

中国版本图书馆 CIP 数据核字（2019）第 136928 号

ZIRAN KETANG —— WODE GONGYUAN MANYOU BIJI

自然课堂——我的公园漫游笔记

廖 薇 著

出 版 人：肖风华

责任编辑：李锐锋　吴可量
装帧设计：陈宝玉
封面设计：蓝美华

统　　筹：广东人民出版社中山出版有限公司
执　　行：王　忠
地　　址：中山市中山五路 1 号中山日报社 8 楼（邮编：528403）
电　　话：（0760）89882926　（0760）89882925

出版发行：广东人民出版社
地　　址：广东省广州市海珠区新港西路204号2号楼（邮编：510300）
电　　话：（020）85716809（总编室）
传　　真：（020）85716872
网　　址：http://www.gdpph.com
印　　刷：恒美印务（广州）有限公司
开　　本：787mm×1092mm　1/32
印　　张：8.25　字　　数：162千
版　　次：2019年7月第1版　2019年7月第1次印刷
定　　价：49.80元

如发现印装质量问题影响阅读，请与出版社（0760-89882925）联系调换。
售书热线：（0760）88367862　邮购：（0760）89882925

总序 | 出版系列博物图书为中山形象加分

人吃饱饭，更高一层的精神需求就摆上了议事日程。

了解家乡的地质地理、草木鸟兽鱼虫，是一项有着悠久历史的优良博物活动。在当下的社会条件下，此活动既能缓解工作和学习压力，促进身心健康，也能令人们热爱家园，尝试监测和保护本地的生态环境。但是，这类活动顺利开展，也是有条件的。比如，百姓要认得一些自然物，知道哪些是外来的哪些是本地的，知道过去什么样、现在什么样以及将来可能怎样。但是在目前的中国，这些条件并不具备。原因是多方面的，但毫无疑问出版是一个瓶颈。

20世纪末我到美国访问，发现各个州都有丰富的自然手册，如反映当地状况的地质地貌手册、步道系统手册、蘑菇手册、昆虫手册、野生植物手册、园艺植物手册、两栖动物手册、鸟类手册、鱼类手册等，从哪一天起某个公民想博物了、想了解一下周围的大自然，拿起相关的手册，直接就可以使用。由于这类图书只收录当地的动植物种类，物种数相对少，用户可用排除法区分物种，它们比全国或区域性大型工具书好用得多。另外书中的图片较多、较清晰，物种特征表现明显，用户不需要特别专门的知识，通过"看图识物"就可以准确识别物种。后来我到日本、英国访问，发现情况差不多，"在地"博物书非常多。"在地"是一个人类学概念或者民族植物学概念，指的就是范围不算大的当地、本地区、本土。

在所有经济发达的国家，博物学都非常发达。虽然在现代性社会中，发达国家主流正规教育不大看重古老的博物学，但是在其社会上，博物学仍然有相当的地位。也可以说，博物的理念早已深入人心，融入了百姓的日常生活。而回头看看我们中国，状况就非常不令人满意，更多人还在忙于赚钱、赚更多的钱，生活过得并不精致。中国已开始步入小康社会，大城市及沿海发达地区已经跟世界接轨，但百姓想了解周围的大自然，却仍然有相当大的困难：很难找到反映当地自然状态的适合当地人阅读的博物图书。中国有植物园近200家，动物园和水族馆约210家，国家级自然保护区400多处，国家4A级景区1200多个，仅广东省就有3500多个公园，全国重点大学的校园也有200多个。那么这些地方一共编写、出版了多少种自然类、博物类手册？据我了解非常非常少，少到几乎可以忽略不计。有相当一批地区甚至连印制一份折页都不肯，相关网站上也空空如也，难以找到有用的物种信息。北方某市有4大植物园，没有一家出版过植物手册！一年没有，三年没有，十年没有，几十年过去了还是没有。是缺钱，还是没有能力编写？都不是。那究竟是为什么？我也纳闷，还问过许多人，没有答案。我自己胡乱猜测，也许他们不在乎让百姓了解园中的植物。当然主管部门不认同这类判断。经常有人抱怨现代中国人不热爱大自然、不了解大自然，那么反问一句：有关部门脚踏实地做过什么？科技周科普日的敲锣打鼓，并不足以令百姓热爱家乡、关注身边的环境。

上述城市、植物园、动物园、景区、园区、校园实际上都应当编写自己的常见物种手册。当地的百姓有权利了解家乡的生物多样性、自然资源和环境变化。这种了解是热爱、监测、保护的前提。基本物种数据不清楚，也根本谈不上保护。

广东珠三角是中国经济最发达的地区之一，也是生物多样性和环境变化较快的地区。这里的百姓受教育程度较高，对居家园艺、户外探险、荒野保护、自然教育、生态旅行等有着浓厚的兴趣，一些大型公司对于赞助相关活动也非常热心。据我个人了解，广州、深圳、中山、珠海、湛江等地民间博物活动开展得较早较好。现在广东人民出版社推出"博物中山"系列图书，恰逢其时，我相信会受到广大市民的热烈欢迎，也将为全国范围的行动树立榜样。

我个人的建议是，寻找真正的爱好者，不论出身，让他们直接担任主创，撰写一批反映中山历史、地理、自然、生态变迁的图文并茂的图书，请专家审定后出版。写作应当言之有物有据，不宜笼统。许多专题越细致越好，没有细节便失去了味道和吸引力，在此不要低估了读者的鉴赏力。这类书，首先是为中山人服务的，其次是为广东省范围的人服务的，此外也一定能服务到来此地旅游的外省客人、自然爱好者，甚至包括外国人。长远看，它们也构成重要的历史文化遗产，因为它们记录、见证了中山市的具体演化。

我也愿意借此机会推荐若干优秀自然作家、博物学家：怀特（Gilbert White）、缪尔（John Muir）、利奥波德（Aldo Leopold）、卡森（Rachel Carson）、霍尔登（Edith Holden）、哈斯凯尔（David George Haskell）、阿来、刘亮程等。更具体点，可以推荐叶灵凤的《香港方物志》，南兆旭的《深圳记忆》《十字水自然笔记》，陈超群的《一城草木》，张海华的《云中的风铃：宁波野鸟传奇》，年高的《四季啊，慢慢走：北京自然笔记》。他们描写、记述的地点各不相同，但是对在地、对第一故乡或第二故乡的热爱却是一致的。适当向他们学习，我相信中山的自然爱好者能书写更优美的在地篇章。描述野生物种时，不宜渲染神奇的药效和食用价值，而应当更多地从科学和审美的角度刻画，以避免因为了解而加剧人为伤害。

精神文明建设、文化建设以及生态文明建设，都是一些很好的提法、想法。但要把它们落地，真正实施起来，并不很容易。适当规划，组织编写、出版中山市的系列在地博物图书，无疑是与它们密切相关的靠谱的行动。特别是，它是一种累积性的、可检验的行动，做得好将直接给中山市的形象加分。

爱故乡、爱家园代表着个人品位，也是公民的一种责任。促成人们爱故乡、爱家园是一种善举，也是政府有关部门的分内工作。

祝中山明天更美好，愿中山的公民能够欣赏这种美好！

2018 年 1 月 19 日于北京

（作者系北京大学哲学系教授、北京大学科学传播中心教授、北京大学科学史与科学哲学研究中心教授，博士生导师，博物学文化研究者和倡导者。）

序 言

　　我是 20 世纪 60 年代初出生的人，从小生活在鄂东大别山的农村，脑海里根本没有城里人才有的关于"公园"的印象，有的是田野里飘香的稻花，山地上起伏的麦浪，河岸边招摇的垂柳，池塘里悠闲的水鸭，屋顶上袅袅的炊烟，山坳里消逝的晚霞，小路上牧归的儿郎，夜幕下沸腾的村庄。在我的记忆里，最初知道外面的世界精彩纷呈，首次听说城市的公园里风景独好，应该与在北方当兵的叔叔婶婶和援疆的姑妈姑丈寄回来的公园留影和他们略带惊美语气的书信有关。

　　20 世纪 80 年代初，我这个刚刚进入武汉大学的农民子弟，没想到自己所在的学校本身就是风景如画的公园，一出学校的大门，转身面向的更是著名的东湖公园和磨山植物园，它们是我们散步、观光、避暑、交游、读书和谈情说爱的好地方。这里不仅有四季色彩缤纷的珞珈山，有水天一色、波光潋滟的东湖胜景，还有历史百年的学府和千年传承的人文，有曲径通幽的林荫小路和笔直平坦的樱花大道，有八月中秋的丹桂飘香和寒冬腊月的傲雪红梅，有晨练早读的健将和晚修夜思的青年，有鲲鹏展翅的雕塑品和名人大家的墓志铭……

在我们这些从农村进城的青年学生的心目中，校园如同公园，公园不如校园。

说校园如同公园，是因为它可以过滤世俗社会的喧嚣和都市生活的浮躁，可以营造自由思考的氛围和相互交流的空间，可以激发创造的热情和创作的灵感，可以生成独立的人格和包容的个性，可以唤起对宇宙苍穹的探索和对人生命运的讨论。但校园毕竟不是公园，可以随便出入，可以任意打扮，可以市场运作，可以收费经营，它有属于自己的园地，有相对自由的空间，有拒绝平庸抵制低俗的权利，有追求卓越怀抱崇高的责任。

公园虽然有可能成为校园，但不是所有的公园都会变为传道授业、作育英才、立德树人的校园。按我国辞书所说，公园即是供群众游玩休息、文娱体育活动和进行宣传教育以及节日游园活动的场所。但是，公园在中国古代是指官家的园子，而现代一般是指政府修建并经营的作为自然观赏区和供公众的休息游玩的公共区域。在旅游景点中，通常被简称为"园"。在《公园设计规范》中，明确地将公园定义为"是供公众游览、观赏、休憩、开展科学文化及锻炼身体等活动，有较完善的设施和良好的绿化环境的公共绿地。"同时，公园具有改善城市生态、防火、避难等功能作用。公园一般可分为城市公园、森林公园、主题公园等不同类型。现代的公园，以其环境幽深和清凉避暑倍受人们的喜爱，成为情侣、老人、孩子们的共同圣地，也成为人们喜怒哀乐的发源地和悲欢离合的聚散地，更成为电影、电视的取景地和作家、画家、摄影家的创作地。

通常，人们知道的公园比自己游过的公园多，而游览过的公园似乎没有想象中的公园美。在阅读时，才知道中国有不少中山公园，我也去过不少城市公园，但并没有关注公园的历史和文化，也没有写过游览公园的文章。只知道在中国，过去虽有公园的说法，却没有公园的实质，只有官家的园林和私家的庭院，而没有真正近代意义的公园。

中国近代意义的公园，最早是由西方人在十九世纪中叶引入中国的。1868 年，英美租界当局在上海苏州河与黄浦江交界处的滩地上修建公园，作为外国侨民休憩游乐之地，是为中国近代公园之始。受外国人修建公园的影响，同时也由于城市化发展的内在需要，国人也于 19 世纪末 20 世纪初开始自建公园，如 1897 年兴建的齐齐哈尔龙沙公园，1906 年修建的无锡城中公园和北京农事试验场附设公园，1910 年成都的少城公园和 1911 年南京的玄武湖公园等。同时，一些私家园林也逐渐向公众开放成为公园，如上海的张园、徐园、愚园、西园等。进入民国之后，公园作为市政建设内容之一，得到国内市政当局的重视，有了明显的发展。据不完全统计，至1937 年抗战全面爆发，国内公园计有 400 余座。

伴随中国近代公园发展而来的是近代公园理论也随之逐

渐传入中国。19世纪七八十年代，在争取上海外滩公园向华人开放中，上海华商和《申报》馆就初步表达了他们对近代公园的认识，认为外滩公园既美其名曰公家花园，又有纳税人的贡献，就应中外共享。20世纪初，近代意义上的公园一词开始从日本传入中国，1903年留日学生主办的《浙江潮》介绍日本的公园时说："东京有最著名之二大公园，一在清草，一在上野。"此后，"公园"一词大量出现在清末报章上。1910年，美国传教士丁义华在《大公报》上连载《公共花园论》一文，详细介绍西方公园的设施，建议在北京的东南西北各修建一个公园，指出公园有三个好处：有益于卫生，有益于民智，有益于民德。1912年中华民国成立后，近代公园理论进一步得到阐述和宣传，如《公园论》《公园考》《都市与公园论》等，一度成为报刊杂志的热门话题。其中，《都市与公园论》的作者将公园定义为：造园学分科中公共造园之一，乃人生共同生活上依实用及美观目的，以设计土地而供群众使用或享乐。作者认为，公园除休养、保健、运动和美观功能外，还有防灾、教化、国防和经济等方面的功能，指出凡火灾、洪水、地震等灾害频繁国家，公园数量和面积尤应增加，以备不虞之变，并极力主张公园免费向公众开放，使其成为名符其实的公园。

但是，中国的许多公园并不是开放的，收费几乎成了公园生存的依靠，其潜在的能量因卖买门票而没有充分释放出来。最近十几年，公园免费对外开放，人们可以自由出入公园，在公园里可以跳舞歌唱，可以打球练拳，可以下棋打牌，可以喝茶聊天，可以约会调情，甚至可以烧烤摆摊做生意，似乎一切自由自在。其实，开放后的公园，在丧失主体性的同时，又缺乏必要的呵护和后续的建设，逐渐破败萧条，失去了原有的生机与活力，也失去了公园本身的价值与意义。

在人的生活尤其是城市人的生活中，公园几乎是其生命中的不可缺少的空间。少儿时，公园是乐园；青春时，公园是游园；年老时，公园是憩园。世上有不少人游过公园逛过公园，也有人写过公园说过公园，更有不少人画过公园影过公园。公园成了休闲娱乐的场所，也成为人际交往的空间。在简·雅各布斯的眼里，"公园是变化无常的地方，它们会走向极其受欢迎和极其不受欢迎的两个极端"。在有的专家学者和文化人心中，公园是发展中的人造艺术品，不仅要有可爱的景观，也要有反映当时美学潮流的艺术品，更反映不同时代的愿景转化以及公共政策目的。但是，再大再美的公园，都不能承受大众的欲望和需求之重。

如今，公园建设真的能与时俱进，甚至成为衡量城市发展和市民生活水平的重要标尺。造园运动在全国各地蓬勃兴起，森林公园、湿地公园、文化公园、广场公园、纪念公园、主题公园，吸引了市民和游人的目光，美化了城市的公共空间。但是，公园规划建设，多是政绩工程或样板工程，不是顺势而为或自然历史地形成，生命力和观赏度十分有限。尤其是主题公园的规划和设计，渗杂了不少领导的意志和设计者个人的喜好，大多是主题重复、缺乏个性，以照搬照抄、模拟仿效居多，内容相差无几，缺乏科学性、真实性、艺术性和趣味性，缺乏认真的市场分析和真正的创意，为造景观建造景观，结果当然是惨淡经营或仓促收场，并且造成财力、人力、物力的浪费。

　　本来，主题公园是为了满足旅游者多样化休闲娱乐需求和选择而建造的一种具有创意性活动方式的现代旅游场所，是根据特定的主题创意，主要以文化复制、文化移植、文化陈列以及高新技术等手段、以虚拟环境塑造与园林环境为载体来迎合消费者的好奇心、以主题情节贯穿整个游乐项目的休闲娱乐活动空间。经验告诉我们，只有准确的主题公园设计的选择、恰当的主题公园园址的选择、独特的主题公园创意与主题公园文化内涵、灵活的营销策略、深度的主题公园产品开发，主题公园设计才能独具一格。主题公园设计是依靠创意来推动的旅游产品的思想，因此，主题公园的主题选择就显得尤为重要。世界上成功的主题公园，都是个性鲜明、各有千秋，就像在画中行走，给人留下难忘的印象。

　　中山市的公园建设，虽然也有主题先行，大干快上的热潮，但仍然能贴近生活，贴近社会，贴近自然，贴近历史。我在中山生活和工作了近三十年，经历了中山从县到市的转型升级和从农业大县到工业强市的华丽转身，也亲身感受到中山乡村城镇化和城市现代化的历史性变革，以及私人花园和公共园林从小到大从封闭到开放的时代性跨越带来的社会文明进步。廖薇的这本《自然课堂——我的公园漫游笔记》，就告诉我们一个不一样的中山公园和不一般的文化中山。

作者廖薇是土生土长的中山人。本书体现和表达的是重游时的感悟，采访时的启迪，阅读时的心得，回忆时的思考。她以记者的敏锐，文人的思量，女性的细腻和游者的热情，挖掘了中山公园的历史，讲述了中山公园的故事，发现了中山公园的人文，品评了中山公园的美妙，指出中山公园的得失，道出了中山公园的法则。正如作者自己所言："当我们开始仔细观察身边的风景时，现象开始逐渐显露。从绿化，到园林，再到景观设计。在公园设计相关领域的语境变化中，我们似乎窥探到一点观念的发展。起初，我们抱着寻找成功的公园设计细节的想法去探寻，然而，在一次又一次的实地走访中，带着问题，带着好奇，带着另一种眼光去审视，我们发现，公园不仅仅为我们展示了都市人接近自然的一种可能，也是对城市文化内涵的生动诠释。"而且表示在寻路公园的旅途上，写作只是一个开始。她坦言："在路上，我们感到，公园不仅是城市的绿肺，它与城市生活之间也是相互影响，优秀的公园设计应该是与城市文化结合一起的，既可以让人们体验当地文化，感受当地风土人情，让年青一代在游园中认识我们的城市。"

序　言

　　《自然课堂——我的公园漫游笔记》带给我们的不仅仅是阅读的快乐，还有漫游时的惊喜。在这个已有建县八百六十多年历史的小城中山，原来竟然隐藏着如此多的公园和如此丰厚的公园历史。虽然公园的历史渐行渐远，但是公园的文化却日积月累，愈久弥香。更重要的是，中山公园的文化传统和艺术风格，在当下已转化为造园选址，规划设计，充实内涵，形象塑造，市场营销的理念和追求。中山供电公司的社会主义核心价值观主题公园的创意设计就是难得的典范。本人为该园而写的碑记，也算是对中山造园的历史与现实的一次总结与思考，姑且作为《自然课堂——我的公园漫游笔记》序文的结尾。

　　"造园是艺术，亦为文化。艺术感人，文化化人。规划，因地制宜，随形就势；构景，巧妙得体，精而得法；造境，曲径通幽，天人合一，此乃古今造园之道也。中山供电主题文化园，融南方电网经营理念、现代企业精神、电力历史人文、香山文化和中华优秀传统文化五位一体，于国家、社会、个人三层面准确诠释社会主义核心价值观；合孙中山、郑观应、严迪光之光电思想与创新精神于一园，在自然之境与人文之光中凸显中山电力人之时代风采。园内虽无王维辋川别墅，亦非石崇金谷山庄，然一湾曲水即可消夏，十亩园林岂止藏春。临水虚阁，令人莫测水源头；借天夹巷，空间往复无尽意。情与理交融互摄，景与物相得益彰。触景生情，感念工匠劳

13

作之苦；睹物思人，不忘先贤开创之功。园艺令人安闲自在而游目皆景，虚静幽雅而身心受益。盖一园所在，而达东西造园构景之意，收古今园林化育之功。"

胡　波

2019 年 7 月

（作者系历史学博士，中山市社会科学界联合会主席）

前　言

旧的公园风韵犹存，新的公园如雨后春笋。当下，公园已成为中山人探索自然、放松身心、慢享时光之地。现代城市中，公园宛如一片桃花源，带给都市人片刻远离烦嚣的闲适。它生动而柔软，有着与钢筋混凝土建筑截然不同的面孔。

在一般人眼中，公园设计或许是规划设计中最有趣的活儿：一片白纸上，设计师可以种树，栽花，造水，砌石，或留白一片广场，勾勒出一个想象中的世界。然而，美好的想象有时会遭遇现实的尴尬：美丽的公园在大部分时间被遗弃或者利用率不高。

什么因素可帮助公园保持着热闹的气氛？加拿大作家简·雅各布斯在其著作《美国大城市的死与生》一书中以美国里顿豪斯广场公园为例道："周围地区功能的多样化，以及由此促成的使用者及其日程的多样化。"简单而言，在一天的漫长时间里，来公园里"逗留一会"的人群络绎不绝，他们有着不同的目的：或锻炼，或发呆，或谈情，或仅仅是路过。他们轻盈地穿过这一片桃花源，偶然"脱轨"于繁忙、规则的都市节拍外，静静地聆听一首自然的牧歌。

然而，简·雅各布斯也指出："公园是变化无常的地方，它们会走向极其受欢迎和极其不受欢迎的两个极端。"宛如任何一场浪漫邂逅，初次相见时，我们因陌生而充满了探究的好奇，在曲径通幽处流连忘返。但久而久之，宛如逐渐熟悉的情侣，随着时间的推移，我们了解了彼此的真相，发现了无法相容的差异；或者，缺乏经营，审美疲劳，最终在那曾令人怦然心动的风景前麻木不觉。

当市民与公园渐行渐远，"分手"的结局往往需要付出沉重的代价：不仅是公共资源的浪费，还可能演变成"危险地带"，成为意外、罪案的温床。

纽约中央公园是"美国景观设计学之父"的奥姆斯特德与英国建筑师沃克斯的作品，是第一个完全以园林学为设计准则建立的公园。同事孙俊军自从游玩过之后一直对它念念不忘："一出地铁站便是公园，没有围墙，走进去如进入一片森林。"公园面积约320公顷，其范围从59街至106街，从第五大道到第八大道，其形状狭长如保龄球道——约320公顷用地，长约4公里，却只有约800米宽。在中央公园内任何一个地点，距离临近的两条喧闹大街（平行于公园的长向）的距离都不超过300米，其中有四条下沉式的城市街道横穿公园而过，在夜晚公园关闭后依然可以通行无阻，公园里的行人和自行车道通过桥梁便可横跨这些街道。

在孙俊军眼中，这个建于19世纪50年代的公园至今魅力不减，野鸭、松鼠随处可见，充满自然野趣。那斑驳的大石、参天的古树以及藤蔓缠绕的小桥，均给人厚重的历史感，极少人工装饰的痕迹。草地可坐可行，也是露天音乐会的老地方。其中还建有美术馆、剧院等艺术场馆。人们除了泛舟、溜冰、慢跑等体育锻炼，还可以参观动物园。经常性的文化活动也为公园带来源源不断的活力。

承载着"联合国人居奖""国家园林城市""国家环保模范城市""中国优秀旅游城市"等多项殊荣的中山市也是一座"花园城市"，公园林立。每当公众假期，游公园也被许多市民当做度假的消遣。近年来，森林公园和湿地公园也成为中山公园群像中的新主题。

老城区的这些年代久远的公园，并无凸显多少设计上的神来之笔，也无什么奇花异草，却布满城市的文脉。或许这就是时光沉淀的气质，它同样来自居住在公园周边人们的共同参与。否则，人们不会在看见它们的照片时感叹："我们的老地方。"因为这里有我们共同的回忆。而在它平淡的叙述中，我们感受到一种温暖。那是在一块没有回忆的土地上凭空而来的景观所无法拥有的积累。

新的公园如何体现记忆？它同样不能脱离于脚下的土地。北京大学建筑与景观设计学院教授俞孔坚曾提出一种"反规划"的思想，先将需要保护的地方圈住，再想如何在其余地方建设。他认为，城市必须建立一套自然的系统，首先考虑保全大地的机体，然后再在这个机体长藤结瓜。一件经得起考验的景观设计作品必然是顺其自然，又反映人性的，而非仅仅是形式的、纪念的、展示性的"应试之作"——或许，在这一刻，你能让甲方满意，却不一定能让时间满意。

中山在当代城市景观设计上有其值得骄傲的一笔。俞孔坚以"城市白话文"的形式在中山书写了一个属于当地、属于当代，却又拥有那个特定时代历史记忆的岐江公园。尽管当时的方案曾经遭到百分之九十的专业评委的反对，但它最终成功展现了俞孔坚的设计理念，自此在国际上收获多项大奖，也逐渐说服了世人，野草之美同样可以震撼世界。

不过，俞孔坚的设计语言是现代的。你在岐江公园中找到的或许更多是"红色记忆"而非"岭南神韵"。当我逐步深入到中国古典园林之美时，我不禁又对"岭南园林"产生浓厚的兴趣。它或许比不上苏州园林那般精致，也缺乏皇家园林的气派，却自然而然给人一种生于斯长于斯的亲切感。

公园不仅是城市的"绿肺"，它与城市生活之间也是相互影响的。优秀的公园应该是与城市文化结合在一起的，既可以让人们体验当地文化，感受当地风土人情，也可以让年轻一代在游园中认识我们的城市。

目 录
CONTENTS

半个世纪的萧瑟之美

中山公园

中山公园

中山公园,曾是一个富有政治色彩的纪念空间。民国期间,因孙中山崇拜的宣传,全国上下掀起一股中山公园建设高潮。孙中山先生的故乡——中山还是此次运动的首倡者。只是,"全国第一个"中山公园的设想最终流产,但在华侨的大力支持下,烟墩山上的中山公园终于在1948年建成。

坐落于孙文西路旁的中山公园,早已褪去政治的色彩,成为周边居民休闲健身的场所。在老石岐们的讲述中,此处更多被称为烟墩山,山顶上那标志性的砖塔则被称为"烟墩山塔"。从公园高处望去,但见四周楼房座座相连,满是密密麻麻的窗户,一片单调的灰土色,难怪周围的居民都说,这里是难得的"城市绿肺"。

▽ 中山公园正门 缪晓剑/摄

△　中山公园内的点点滴滴成为了街坊邻居的美好记忆　缪晓剑／摄

▲▲ 选址体现国父地位

1947 年，建设中山公园的设想再一次摆在中山县长的办公桌上。时任中山县长的孙乾担任了"中山公园筹建委员会"的主任委员，张惠长、袁瑞廷、杨子毅、郑道实、郭顺、郭泉、刘叙堂、周崧等一批县内名人被聘请为委员会顾问。这次，他们将目光转向烟墩山。

作为纪念国父孙中山的公园，与其他地方的中山公园一样，中山县的选址也正处于当时城市空间中的重要位置，反映了设计者对孙中山尊贵地位在空间中的体现的设计。

▽ 中山纪念亭的南北两侧悬挂着"博爱"的牌匾 缪晓剑／摄

△ 中山纪念亭 缪晓剑／摄

烟墩山因其前身为古代烽火堠而得名。它位于商贾云流的孙文西路，其周边至今仍是老城区最为繁华的商业地带。其实，早在1931年，该处的地理优势便被石岐的商人发现。他们集资在烟墩山西北角兴建了娱乐场，并建有纪念孙中山先生的八角凉亭，中山亭内四周张贴有名人张丕基、谢文光等诗文，颇为风雅。但在日本侵华战争开始后，它们年久失修。抗日战争胜利后，在此兴建公园的呼声又再度响起。

中山公园的前后有两座牌坊，皆修建于新中国成立以后。"中山公园"四个大字出自中山籍革命老前辈欧初之笔，他曾在中山沦陷时期和解放战争时期在五桂山领导革命斗争，在当地德高望重。

中山公园也是当时民国政府宣扬孙中山思想的社会教育场所，与古塔相邻的"中山纪念亭"便具有明显的纪念意味。它是由中山县著名华侨团体——中山海外同志社发起筹建的。亭子东面檐挡镶嵌着"中山纪念亭"的字匾，其西面的字匾则为孙文字迹的"天下为公"，南北两面则是"博爱"。红底金字，直白书写着孙中山的思想。

如今中国有多少中山公园？2002年12月，在武汉中山公园的倡导下，全国20多家中山公园的代表齐聚武汉，成立了中国"中山公园联谊会"。根据该组织的统计，目前中国包括台湾在内共有40余座以"中山"命名的公园。它们或有着古代皇家园林的前身，或奠基于民国时期，也有的是新中国成立以后的作品。它们有的是高雅的音乐殿堂、肃穆的历史纪念馆、市民的游乐场所，也有公共交通枢纽，形式不同，却因同样怀着对孙中山先生的敬仰与追思凝结成一股文化的力量。据称，全国30多家中山公园已将联合申报"世界文化遗产"列入计划。

在孙中山先生的故乡，"中山公园"的建设离不开华侨的贡献。根据资料，建园之初的两座石坊为旅墨归侨林根捐资建成；香山人黄乃君、林汉等15人则筹建登级第一大道；而美国华侨富商林灿则捐资辟建了环园道。如今，这条环山路仍是公园的主干道，并被发展为缓跑道。

　　根据已故地方历史文化专家高民川先生的考证，1947年，将当时一片荒芜的烟墩山改造为中山公园的工程浩大，最为艰巨的任务便是迁坟开路和兴建环山路。对家乡的公共事业，中山华侨如同当年支持孙中山革命活动一般义不容辞。建园筹委会常务委员张深为建园筹款一事远赴美国，第一时间拜访了他在美国三藩市的姻亲林灿。林灿慷慨解囊，认捐了修建环山路的全部经费7000元。公园筹委会也将这条路以林灿儿子林耀辉与张深女儿张爱绯两人名字各取一字，命名为"辉绯路"，并请了当地著名的文人汤龙骧书写碑记。可惜，石碑如今已不见踪影。

△　中山纪念亭奠基石碑　缪晓剑／摄

△ 被称为"阜峰文笔"的烟墩山塔 缪晓剑／摄

△ 晏昼炮 缪晓剑／摄

🔺 重阳登高时阜峰文笔璀璨夜

20世纪80年代，中山城区内没有多少公园可供游玩，中山公园便成为我家接待外地来访亲友的必备景点之一。感受完孙文西路两旁的特色建筑和商业繁华，来到中山公园的牌坊前，长长的台阶，往往激起孩子的竞赛心理。无论是下来，还是上去，我和小伙伴总爱展开一段小跑，气喘吁吁，一路嬉闹，不知不觉间忘却了疲累。

透过山路两旁的枝桠，可窥见孙文西路的古雅背影，但好胜的孩子一心想着烟墩山上的最高点——"阜峰文笔"。

那是明万历三十六年（1608）香山知县蔡善继创建的一座七层八角，仿阁楼式砖塔，至今仍是中山的文化地标。塔的北端放置有一门清代古炮，从20世纪20年代开始，它便是城中重要的报时器。每逢正午时分，该炮便鸣响一声，远至大涌、环城都能听见。耕作于田间的农民听闻便收工吃午饭了，民间俗称为"晏昼炮"（晏昼，石岐话意为中午）。这一习俗一直延续至1958年，随后沉寂了数十年，2008年石岐区举办的首届休闲文化节上，鸣响的"晏昼炮"又再度勾起老一代人的回忆。

自 1983 年 9 月 30 日的古塔修葺工程竣工后,古朴的面容在霓虹灯的点缀下容光焕发,从此,深蓝夜幕下玲珑剔透的"宝塔"成为石岐夜景的点睛之笔。

烟墩山上最为庞大的登高人流在重阳佳节呈现。有数据称,每年此时约有 2 万人次前来登高望远。老石岐人把农历九月初九"重阳节"看作"转运日",因此当日从早到晚都有前来求"转运"的登高者。我在翻阅中山档案后得知,20世纪 40 年代,重阳节上的烟墩山还有纸鸢纷飞的情景,如当时流行于石岐的重阳节童谣所言:"九月九,去登高,戚(扯、放)高纸鸢(风筝)望天流,滞(衰)运流晒(清)好运到,长命富贵步步高"。那时的登高者大多携带方形风筝在登高处流放,以示流尽"衰运"。这已不符合现代人文明登山的要求,自然而然遭到淘汰。

重阳登高的热潮一度在 20 世纪 50 年代的中山消隐,直到20 世纪 80 年代初期才复燃。一衰一荣,也对应着人们生活状态和精神面貌的转变。

每逢农历九月初八晚 9 时一过,烟墩山便被人山人海所淹没。2012 年的重阳之夜,我身临其境感受了它的壮观:我身边的登高者大多是青壮年。但见并不宽敞的园道上挪动着密密麻麻的人群,朝着宝塔的方向前进。为了安全起见,管理者增加了保卫,并将登山线路临时划为单行。在灯火通明的山上,在汗味的空气里,在鼎沸的人声中,我身不由己地

△ 凤凰树下昏暗的路灯 缪晓剑／摄

随着人流前行，那种感觉已完全不同于童年时代的闲游。它犹如一场仪式，热闹，庄严。

▲▲ 半世纪老公园，焕发生命力

中山老一辈摄影家路华的照片为我们展示了 20 世纪 50 年代的烟墩山，野草萋萋，但见零星的树木与几根电线杆，山顶上的"阜峰文笔"仿佛坐落于一个荒无人烟的小土包上。而眼前的中山公园却荡漾着一片鲜艳欲滴的绿海中，只是萧瑟的冬天为这幽幽的墨绿增加了几片枯叶的金黄，寒风乍起时，仿佛落英缤纷。皆因 20 世纪 50 年代，烟墩山便开始遍植林木，经过半个世纪的积蓄，它们的生命力显得更加旺盛。

△ 公园内植被茂密，道路两旁常有高大的竹子　缪晓剑／摄

△ 阳光下斑驳的树影 缪晓剑／摄

△ 公园内的步道 缪晓剑／摄

　　这绿色的力量令人惊叹，以至 2012 年的那次游园我仍历历在目。中山公园布满了岁月的痕迹，悠久的建筑沉睡在这片神秘的浓绿中，有的依然被精心保护，有的只剩下断壁残垣，或几块砖石。公园老了，但故事仍在不断书写。登山的小径虽然静谧，但不寂寞。

　　不似别处那修建得一丝不苟的绿化造型，中山公园的植物难得地养成了一股野性。它们似无人看管的孩子，自由自在地在根须抵及处蔓延，有的，甚至占据了园道，包围了园椅。在这片绿海中，沉睡的是上了年纪的建筑物。在多次修葺下，中山纪念亭与阜峰文笔等重要文物依然保持着挺立的英姿。但新中国成立前的中山县参议院及新中国成立后的人民会堂

△　墓碑　缪晓剑／摄

△ 市民在公园内空地上打太极拳 缪晓剑／摄

已不见踪影，它那宫殿式的威严外观，只凝结在老照片光影记录中。"文化大革命"期间盖起的万人球场被拆剩的部分，成为绿色植物的乐园。

　　当日，除去登高的游客，公园中锻炼的市民并不算多。有几位年轻人在中山纪念亭旁的空地上打羽毛球，尽管偶然有风；一名市民在万人球场偌大的空地上打太极拳，悠然自得。环山路上，一名男子沿着它跑了一圈又一圈，悄然无声。突然，宁静被笑声打破，一群孩子踢着脚下的易拉罐欢快地跑来，又如一群小鸟儿飞去了。

年过半百的公园，掩饰不住它的年华老去，在残败中自成萧瑟之美。但经过 2014 年的整体改造后，2016 年的新春，故地重游的我有了惊喜的发现：公园萧瑟不再，但清幽依旧。

公园道路的破损处已被修复平整。阜峰文笔的周围新建起儿童游乐场、篮球场、乒乓球广场、健身广场和林荫小广场，大大提升了公园的运动功能和活动空间。昔日建筑的断壁残垣发展为可供游客避雨、休息的长廊或亭台，同时增加了灯光照明、方向标示和路边座椅，为游园者提供了方便。环山路上的以黄线标示的缓跑道以位于光明路的北门出口为起点，每隔一段路程便标记上相应的距离。跑道两旁树如华盖，苍翠逼人，前来锻炼的人络绎不绝。有报道称，环山主干道本欲改为沥青路面，但遭到市民反对，担心暑热时烫脚。如今保留原样，改造者对民意的尊重可见一斑。

难能可贵的是，新改造并没有抹去原本的自然野趣。由于公园道路随山势起伏，所以各处景观分区并非一览无遗，平铺直叙，有时，你需拾级而上，才能发现另一处的精彩。如西北端那座并不起眼的四角亭，它被高大的树木环抱着，尽管靠近凤鸣路入口，置身亭中却只闻林语，让人不由静心，只欲拂卷逍遥。而在视野开阔的篮球场，你可遥见周边旧城区建筑的屋顶。一旁的观众席延续了原球场的阶梯，整洁的新席位上方仍是野草蔓延的旧台阶，犹如神来的闲笔，颇有趣意。

△ 打羽毛球的市民　缪晓剑／摄

从政治色彩的纪念空间，到休闲康体的大众乐园，中山公园的转变，一如《公园：宜居社区的关键》中所书，公园是发展中的人造艺术品，"不仅要有可爱的景观，也要有反映当时美学潮流的艺术品，它们还反映了不同时代的愿景转化以及公共政策目的。"如今，它如一位优雅的老夫人，在精心的护理下始终依然保持着精致，时光纵然给光滑的脸庞留下皱纹，却也平添了成熟的韵味与丰富的内涵。

游园指南

烟墩山上的这座公园并非高不可攀，它容易亲近，就像澳门的东望洋山一般，可让人缓跑或慢行。沿着环山路轻松而上，不久便可将"阜峰文笔"、中山纪念亭和古老的晏昼炮逐一寻访。倒是驾车而来者多了一层停车的考虑。假如将你的"宝马"停在光明路的北门出口，近在咫尺的还有逸仙湖公园的美景。

说起「石岐旧话」，总绕不开这一处

月山公园

小小的月山公园缩在扒沙街内，孙文中路熙熙攘攘，这条小巷却是一片寂静，公园内更是空无一人。或许来得不是时候，老城区的万家灯火亮了起来，小窗户里透露出一室的温暖，飘出诱惑味蕾的饭菜香，这里却没有人约黄昏后的浪漫，仅有孤灯、老树、断壁的残影，仿佛被人遗忘的世界。亭台、石凳、石桌，守着几棵百年以上的古榕树，斑驳的墙，凌乱的草，遮天蔽日的树冠，随着天色的渐暗，一点一点模糊于我们的眼帘。

▲▲ 这里珍藏着我们的童年

孩子们在泥地上挖出许多个小洞，你来我往地弹着彩色玻璃球；捉迷藏开始了！倒数声中，我连忙闪身滑下小草坡，藏身于一棵大树的背后，借着树身枯干的树洞，窥探着上方的动静。放学后的某一天，一群大孩子围在垃圾池旁，用打火机点燃了什么，空气中弥漫着一股特殊的香味。按捺不住好奇心，我悄悄地凑了过去，惊恐地发现，他们正在烤着黑乎乎的"虫子"！后来我才知道，那些原来是蝉蛹，长大成人后我也在餐桌上品尝了它独特的风味。

这些让我不由微笑的童年趣事，都来自老城区里的月山公园，一如汪曾祺在《人间草木》中所怀念的："我的脸上若有从童年带来的红色，它的来源是那座花园。"

念小学时，我家住在卖鸭街。每天上学，都会经过这座公园。它面积不大，但足以成为我和小伙伴们的游乐天堂。说起来，我

△ 从月山公园向居民住宅区望去，看到的大多是老旧的房子 缪晓剑／摄

和他们的相识也缘于此。我们并非同学，也不大清楚彼此的出身甚至姓名，只因大家都住在附近，每天放学，我们都会不约而同地在此相遇。孩子的友谊很简单，只要能一起玩，就可以成为朋友。

当年的小伙伴们也许和我一样，尽管对方的音容相貌皆已模糊，说起童年往事，仍会怀念着一起在公园里追逐嬉戏的身影吧？"80后"的童年不如我们的孩子这般富足，充斥着各种五花八门的电子玩具。我很庆幸，自己的童年虽然也玩过小霸王、任天堂，但还保持着简朴的基调，以至于生活在城市中的我没有错过泥土、露珠、小草、野花和昆虫带来的自然野趣。只是不知道，我的孩子，是否也能理解这般的怀旧。

△ 月山公园正门 缪晓剑／摄

现在看来，老城区的规划设计也有些不可思议之处。当你穿过小巷，爬上台阶，忽然发现围墙背后藏有一片公园，是否有一种柳暗花明的惊喜？

为人母后，我开始留意各种育儿知识，从而获悉在公园里漫步20分钟，对提高儿童的注意力也很有帮助。由此看来，那些抛掷在月山公园里的时光，原来也促进了幼小心灵的成长。当年，我在老城区的住所是一座多层公寓，视野还算开阔，由窗户望去，四周皆是砖瓦屋顶。对那些长期生活在逼窄狭小、设施陈旧的空间里的人们而言，家门前的这片公园绿地，实在弥足珍贵。

昔日的老街坊如今大都搬进了新建的现代住宅小区，那里有特色园林，儿童乐园，电梯洋房，窗明几净。依然留守老城区的，大多为各种条件所限而不得已的选择。但见新城区里兴中道两旁的花圃不时更新着色彩，永远保持着青春逼人的娇艳，相比之下，老城区显得愈发颓然，公园绿地相对匮乏，开阔公共空间稀少，而月山公园这么多年来也不见多少更新，仿佛只鲜活在人们的记忆中。

▲▲ 再次走进被人遗忘的世界

小时候，我只当月山公园是孩子的游戏天地，并不知它历史悠久。

△ 位于公园入门左侧，纪念善长仁翁黄焯恒的"焯恒亭" 缪晓剑／摄

　　直到 2011 年里的那个春天，我撰写"公园系列"专题，才想起了月山公园。再次到访时，它的门口已被重新翻新，浓重的土黄与黯淡的粉红形成鲜明的对比。尽管涂抹上一层厚厚的"粉底"，仍掩饰不住它一脸的衰败。门口一旁已挂上告示牌，提醒市民在台风到来时谨慎入内。

　　虽是藏于小巷一隅的老公园，在老石岐人的记忆中，月山公园的知名度并不低于烟墩山上的中山公园。尽管它是那么的小，走进大门，一条园道通向尽头，四周景象已是一览无遗，然而，但逢说起"石岐旧话"，总绕不开这一处。

　　已退休的绿化专家萧金胜告诉记者，根据历史记载，月山公园一带原有八座小山峰，其中一座居中，呈弯月形，故称月山。其余七座圆形小山——仁山、武山、寿山、丰山、盈山、福山、凤山分散在周围，统称七星峰。古人给名为"七

星伴月"。周围一带的地名也多与此相关联,如月山里、月子里、
七星初地等。

不可不提的是月山公园门口的古城墙遗址。石岐旧称铁
城,始建于宋绍兴二十二年至二十四年(1152—1154),经明
清期间多次扩建重修。铁城原建有城墙,但随时代变迁,东
西南北四座城门仅剩东门城墙。1921—1925年间,县长吴铁
城为了扩充市容,修筑马路,决定将东城门拆除。据老人回忆,
拆下来的墙砖长可达尺半,宽半尺,厚三寸。如今的这段东
门城墙残垣被盘根错节的老榕树保护着,早在1990年便被列
为市级文物。

其实,月山公园也是一座有来历的近现代老建筑。已故
的"老石岐"张仲伟先生是月山里人,他告诉我,月山公园
原址本是该地一处风水林,在未开辟为公园时,这里长年用
木栅封闭,得乡民悉心保护下,此地古榕参天。20世纪40年

△ 破旧的墙面已被榕树的根系占据
缪晓剑／摄

△ 门口一旁的告示牌
缪晓剑／摄

代，乡亲马诗传在香港发迹，便回乡发起建造月山公园，响应号召者众，园内一桌一椅皆由当地善长仁翁捐赠。开园当日，公园内猜灯谜、做大戏，十分热闹，正对园门、公园深处那座方亭后即是原搭棚唱戏的舞台。公园开放后，卖花生、瓜子的小贩穿梭人群间，还有人在此经营饮茶生意。

只是这段历史鲜为人知，逐渐被人遗忘。或许，正是因为是身边的风景太过熟悉而令人失去探究的好奇，人们变得熟视无睹，即便是对那段沉淀着厚重历史的古城墙。零星的路人并不作过多的停留，他们也只是匆匆而过。

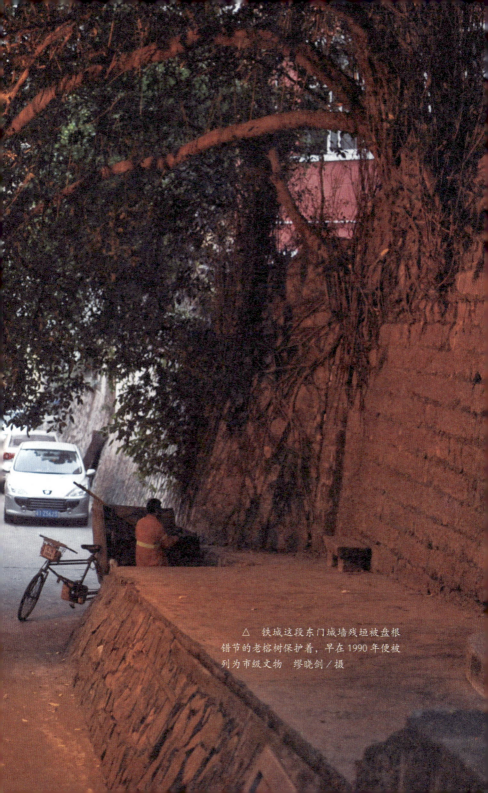

△ 铁城这段东门城墙残垣被盘根错节的老榕树保护着，早在 1990 年便被列为市级文物 缪晓剑／摄

谁将挽起这年迈的背影

我们与城市的记忆，往往因为共同的经历而更加深刻。

月山的木栅栏前，放置有城内的暮鼓。每逢傍晚的五至七时，初更鼓响，接着是二更、三更、四更、五更则击柝，更夫巡夜及报时。童年时代，张仲伟便是枕着这鼓声入眠。而在月山公园门前的榕树下，那位诨名"跛鸡"的说书人堪比当代粤语讲古大师张悦楷，从水浒、三国、西游，至封神、包公和东周列国，每逢开讲，必吸引周边居民前来聆听，席地而坐者最多可达二百多人。如今，榕树下也不缺乘凉的老人，当年聚精会神听故事的孩童如今迈入暮年，成为新的讲古人。

▽ 榕树下乘凉的老人，讲述着不为人知的故事。一旁竖立的则是先施公司的郑干生捐赠的牌坊 缪晓剑／摄

△　护萱台上的小花
　　缪晓剑／摄

△　石凳上的落叶
　　缪晓剑／摄

△　百年的古榕树
　　缪晓剑／摄

△　破旧的石凳和凌乱的草
　　缪晓剑／摄

　　马诗传为家乡做好事建成的公园虽小，却也有其高低错落的层次。而其他善长仁翁也纷纷慷慨解囊，张仲伟仍清晰地记得他们的名字，月山里人郭寿南捐赠了木椅，郑鉴荣捐赠花盆，月山公园入门的左边则是纪念善长仁翁黄焯垣的"焯垣亭"，牌坊旁有个半圆形的"护萱台"是纪念某人母亲所建，原有当地乡绅何侣琮的题字。右边的六角亭则因纪念马玉山而命名为"玉山亭"。马玉山是南洋著名中山籍华侨，在香港注册成立马玉山饼干糖果有限公司，随后设分行于广州十八甫，生产饼干、糖果、中西饼，并首创"白莲蓉"月饼。

△ 为纪念马玉山而命名的"玉山亭" 缪晓剑／摄

△ 义门郑族敬送的石狮子 缪晓剑／摄

　　一些亭台上本有相关字迹，但均在政治动乱的年代被人抹去，只留下义门郑族敬送的一对石狮子，仍然有"迹"可寻。木椅早已不知所终，只剩几个石凳、石桌。这些老建筑依然体现着当年特有的风格样式，但有的已十分破败。如那造型奇特的"护萱台"，围栏脱落了一截，墙面也呈现出裂纹，原来的黄色褪变成白，沾染上黑，斑驳成花纹，倒有几分艺术气质的沧桑。一株高大的古榕斜靠在它身旁，疑似被台风吹倒，被园林工人以铁支支撑着，宛如一位拄着拐杖的佝偻老翁。但不知这对残败的身躯还能支撑多久。

　　如今，不少老公园因新增设的游乐项目而焕然一新，春花怒放，游人如织。月山公园却似一位独居老人，在孤寂中数着它的日子。纵然它并不缺乏历史的厚重，却已无力提笔再书，以致失语沉默。它需要一位出色的诠释者，与其心灵相通，又懂现代语言，在来去匆匆的现世，挽起这年迈的背影。

游园指南

　　月山公园如今给人留下的更多是可以咀嚼的传说。倘若不了解它的过去，你会觉得这里的景色平淡无奇，但若知晓了它的往事，眼前的斑驳与颓废则就忽然变得耐人寻味起来。对于我们身边所熟悉的风景，路过者是匆匆一瞥，往往会有遗憾。其实，赏园也需要特殊的心境，需要时间去品味。

逸仙湖公园

老中山挖出来的「人工湖」

逸仙湖公园坐落于中山石岐区的繁华商业地带，东邻湖滨路，南倚烟墩山。从空中鸟瞰，它宛如一块温润的绿玉，镶嵌在老城区中。

公园的前身是一片农田和水塘。9万多平方米的湖面由人工挖出。石岐街的老一辈人难忘当年集体组织义务劳动去挖湖的盛况：一箩筐一箩筐的河泥被人工挑走，犹如愚公移山，人们送饭送水，热烈和谐的劳动氛围令人怀念。1988年，为纪念一代伟人孙中山，公园更名为逸仙湖公园，但"人工湖"没被街坊们遗忘，或许，正因它是老中山人一手一脚挖出来的作品，这名字显得更加亲切。

▽　逸仙湖公园全景　夏升权／摄

　　也正因为它承载了一代的集体记忆，每逢与"人工湖"有关的新闻皆牵动着中山人的目光。逸仙湖公园的改造一直是市民关注的焦点。走进公园，随便找上哪位游园的常客聊聊，你也总能获得一些如何改造的小点子。可以说，人人心中都有一个"人工湖"。每个中山人或许都能画出一个自己的蓝图，赋予不同的想象，但不变的是那一抹幽绿。

△ 公园湖畔的落羽杉 夏升权／摄

公园改造随时代而变

每当我靠近逸仙湖公园门楼旁的半月形小广场，总能听见悠然的歌声。一次走访，但见此处围观听歌的市民，粗略数数竟然也有六七十人。

这块备受市民青睐的小广场是逸仙湖公园一期改造工程的一处新亮点。另一处亮点是由老人门球场变身而来的迷你全民健身广场，就算是工作日，这里也是人头攒动，锻炼的市民或在健身器材上悠荡，或在乒乓球台前扣杀，好不热闹。这个健身广场还是应市民强烈要求所建的。

△ 公园内的喷泉是市民夏日乘凉的好去处　缪晓剑／摄

△ 乒乓球台前扣杀的市民　夏升权／摄

△ 家长陪同孩子在彩灯前游玩　赵学民／摄

在 2007 年完成的这次改造中，湖中心增设了两个喷泉，公园正门的门楼旁新增了一条景观长廊。曾经的游泳池和健身中心等营业场所被空旷的绿地所代替，不时可见遛狗的市民。标志性的门楼、公园内的亭台拱桥、上了年纪的大树，以及假山池塘、长廊隔屏则原封不动地保存。

△ 景观长廊 夏升权／摄

△ 亭台拱桥　夏升权／摄

　　根据《城乡建设志》，这并不是逸仙湖公园的第一次改造。1959年的冬天，中山县在城郊员峰大队和基边大队征用了414.65亩土地开挖人工湖，由县镇领导带领干部群众义务劳动。已故的"老石岐"张仲伟当年挖了近两个月的鱼塘。他回忆，当时每天从早忙到晚，但因正值粮食匮乏，一天下来，每支小队的充饥食物只得一箩猪肠粉，无盐无油，饥肠辘辘的大家只好将就地将那一条条白肠粉咽进肚子里。因为实在太难吃，张伯至今没有忘记。也不知那3万多人次的劳动力"啃"下多少白猪肠粉。两年后的又一个冬天，人工湖公园雏形初显。

△　市民在儿童乐园开心地玩耍　夏升权／摄

△ 逸仙湖公园内的游船 夏升权／摄

它不仅是一个公园，还是一座干部农场。20世纪60年代初，人工湖正式放水养鱼，为让鱼儿长得肥美，公园邀请中山一中生物系退休教师杨叠做养鱼顾问。杨叠乃中山申明亭人，早年毕业于京师大学堂（北京大学前身）农科系。他见园内湖水以桥相隔，由此提出分区饲养的建议，以备病鱼隔离之用。在那个年代，在园内劳动的还有一批"右派"人士，昔日抓粉笔育桃李、握笔杆勤耕耘的文化人这回真当起了辛勤的园丁，把满腹的心事寄托草木之间。

早年的公园实行游人免票。虽为"公园"，但设施简陋，它既无门楼，也无地界墙，更无娱乐或服务设施。偌大的一个园子，仅有一个水榭、一个土瓦亭，以及边界上种有的一些树木。

　　到了 20 世纪 70 年代中期，公园内增设了光明路门楼、门口区路面、拱桥、五一亭、观景楼、酒家等。进入 20 世纪 80 年代，儿童乐园成为时代之选。1988 年，当人工湖易名为"逸仙湖公园"之际，公园已先后建设出儿童及成人泳池、湖滨路大门楼、三亭桥、水榭、老人门球场、游艇码头、盆景园、假山、湖心喷泉、双层亭等多项设施。到了 2004 年 7 月 1 日，逸仙湖公园子再度免费，如今更是拆墙透绿，让公园和整个周边街区连成一体，成为旧城区目前一处难得的开放式城市景观绿地。

　　从每一次的时代潮流更替中，我们仿佛都能感受到这座公园随之相应的情景变化，而不变的是中山人对休闲体验的需求日益丰富，亲近自然的呼声也越来越高。

△　逸仙湖公园内新到的一批游船　余兆宇／摄

▲▲ 园内保存学宫文物

"在逸仙湖公园里，你会发现许多本地的生活气息。"
当年与园林设计专业人士杨中美同游时，这位新中山人曾如
此感言。在逸仙湖公园里活动的人们呈现出来的精神面貌，
是他了解这个城市的一扇窗口。林荫下，湖畔旁，但见三三
两两的市民锻炼、下棋、打牌、聊天，或仅仅是安静地坐在
一角，打发一段闲适的时光。还有影楼在此拍摄婚纱照，记
录甜蜜一刻。手风琴的悠扬、二胡的低吟，以及老年人自发
组织的唱歌跳舞在园内也是随处可遇。

▽ 湖心的亭子，
成了新人拍摄婚纱照的
好去处 夏升权／摄

△ 老人在水中的亭子里忘我地练习着秦琴 夏升权/摄

一次游园，偶遇家住悦来南的梁伯坐在水中的亭子里忘我地练习着秦琴——一种在广东音乐里常见的乐器，边弹边唱，自得其乐。不远处飞扬着歌声，那是另一群退休的老人在演唱粤剧，叶伯是其中一位。下午三点左右，他又变成"讲古佬"，在健身广场旁的一个临湖小亭里开讲历史名著，将《三国演义》《封神榜》《东周列国志》等故事一个个绘声绘色地演绎，吸引许多人前来聆听。正是这些琴声、这歌声、这"且听下回分解"的讲古声，给上了年纪的公园赋予了勃勃的生机。

△ 退休的老人在演唱粤剧 周颈/摄

　　被逸仙湖触动吟思的还有许多中山诗人。十一届三中全会后，旧体诗词又重新在文坛上活跃起来。由部分诗词爱好者组织起来的"香山诗社"随形势而发展，在1985年5月扩大成立了"中山诗社"，聚集社员百余人。在老干活动中心内诗社活动场所建成以前，中山诗社在公园的盆景园内觅得一处小小的活动室。

　　曾住步云里的中山著名书画篆刻家、诗人余菊庵生前亦是逸仙湖的常客，他常与友人坐在湖畔论诗，或独步湖滨、细味人生。1991年，一个冬天，正值暮年的他写下了《岁暮步行至逸仙湖》："出门始信老，扶杖步仍艰。傍晚行人少，冲寒笑我顽。荣荣凭造物，游戏寄尘寰。暮境幸无罣，徜徉山水间。寥寂林深处，悠闲看一翁。阳光炙我背，湖水荡入胸。且领荒寒味，旋惊岁月匆。飘萧万条柳，默默待春风。"

　　1988年初，人工湖公园东面靠湖滨路的西侧新建起一座仿汉代风格的玻璃瓦门楼——玻璃钢仿红麻色花岗岩的浮雕上刻着云龙、太阳鸟、蟾日与星宿，与湖中央的三亭桥遥相呼应。门楼左侧竖刻有三个苍劲的大字"逸仙湖"就是出自余菊庵的手笔。可惜它已不复存在。

　　2013年1月16日，逸仙湖公园内增设了一处文化景点——中山漫画馆，4000多平方米的场馆融幽默于一炉，系统展示了中国漫画的发展历程，收藏了方成、方唐、江有生、陈依范、孙晓纲、华君武、廖冰兄、韩羽、高马得、张仃、田原、王树忱、詹同、张守义、郑家镇、丁聪、隋军、苗地等漫画家的作品共970多件，是目前国内仅有的几座实体漫画馆之一。中山漫画馆不时策划相关展览，与市民举办互动活动，丰富着人们的精神生活，尤其给孩子们带来文化的熏陶。

△　湖对岸的漫画馆和湖心亭交相辉映　夏升权／摄

△ 散落在灌木丛
中的石狮、石柱的"遗
址" 夏升权/摄

　　一次，沿湖行走的我们在灌木丛中发现了多只石狮、石柱的"遗址"。后来得知它们乃是香山县学宫拆除下来的建筑部件。学宫，又称先师庙，是香山建县后最早建设的公共建筑，始建于宋绍兴二十六年（1156）。1959年改作县人民医院时，原有建筑物逐步被拆除，现只遗留泮月池及架在池上的泮水桥。而公园里的这些建筑部件，如同别致的艺术雕塑，呈现了一段"香山余韵"。

山景与水景相偎相依

作为"80后"的我，对人工湖的不舍情结来自那个已经消失的儿童乐园和游泳池。

那旋转半空的小飞机、那音乐悠扬的电动车，多少次让我和小伙伴们欣喜雀跃；那在健美中心挥汗如雨、拼命跳着减肥操的青春少女已经成为孩子他妈。在漾于湖面的龙船鹅艇中、蒲葵丛中的青青草地上，亦或是依依杨柳下的石椅上，多少恋人印下他们的窃窃私语；每到新春、中秋佳节时分，公园里灯会热闹、鲜花簇簇，一个个家庭在此留下幸福美满的合影。

△ 公园内的点点滴滴无不留下美好的记忆　夏升权／摄

一日，偶遇见中山岐城活化社发布的《你和我的中山人工湖》，我仿佛又看见了那些在盆景园中吟诗作对的诗社成员、不惧蚊虫滋扰的钓鱼发烧友、湖心餐厅里对着豉汁凤爪垂涎三尺的小馋猫，以及在石岐仙湖歌舞厅里舞姿翩翩的红男绿女。尽管时过境迁，不同年代的公园印象仍被一代代中山人津津乐道。每个人，都有一块记忆的碎片，最终拼出五光十色的跨越时空的长卷。

　　二十年后，再次步入逸仙湖公园，这里俨然已成为了周围老街坊的"文化中心"。我试图在此起彼伏的音乐声中寻觅一处静谧的角落，不由自主地向林荫深处走去。

　　公园内生长着丰富的植被，南洋楹、榕树、人面子等高大乔木，撑起了高大的帷帐，蒲葵、蒲桃、柳树等中层乔木则散布园内各处，一丛一丛的阴生植物蔓延在地面。行走园中，我们发现许多胸径大于20厘米的高大树种，湖岸边也有不少古树和浓密植被。这种原生态之味如何在日后得到保存与延伸，为都市人提供欣赏自然、亲近自然的机会，逸仙湖公园尚有大笔可书之处。

　　水面占据了逸仙湖公园面积的一半，这里有着其他公园

无法替代的湖光美景。不少市民利用假期与家人同游，重温荡舟湖面的儿时记忆。除了游船，湖中的拱桥、亭台也为市民提供了亲水体验。

站在中山漫画馆的大门前，抬头可见一幅清静优美的画面：远处烟墩山悠然可见，摩天轮和阜峰文笔遥遥相望。粼粼波光的湖面上，山景与水景相融，蓝天衬托着白云。让人不由停住脚步，屏住呼吸，轻放开紧握在手心里的时间。

春寒料峭的一个晌午时分，公园尤其宁静，不似清晨或傍晚，汇聚了潮水一般前来锻炼身体的老街坊。我一个人，从漫画馆走向公园深处的盆景园，这条小道人烟罕至，可以听见自己轻轻的脚步声。记得，盆景园内有一处荷塘，本想穿过曲折的石桥，便可以独享一片静谧，不想此时，盆景园的门是锁住的。

心中本有点寻隐者不遇式的遗憾，然而，一转身，但见湖光塔影，又觉豁然开朗起来。脑海中浮现出余菊庵先生的《湖滨》："用澄我虑，用怡我神。"正如一首旧歌：多少人曾爱慕你年轻时的容颜，可是谁能承受岁月无情的变迁。当所有一切都已看平淡，还有一种精致还留在心田。

游园指南

对于逸仙湖公园的一草一木一景一物，没有谁比住在附近的老街坊更为熟稔于心。由于地处楼房鳞次栉比的老城区，周边的老式住宅小区往往缺乏大面积的园林绿化，这里自然而然成为周边市民的后花园。倘若是早上晨运时分，你会发现这里可谓乐声飘飘处处闻，来自民间的各色"私伙局"仿佛将此作为露天大舞台。假如你更喜欢寻找一个静思空间，或许可到盆景园或漫画馆去走一走。或者，在公园内的湖畔码头登上一艘游船，荡漾于湖心之上，垂柳之下。

将孙中山精神「种」在公园里

孙文纪念公园

一百多年前，在孙中山的领导下，武昌起义打响了辛亥革命的第一枪，中国开始了推翻帝制，走向共和的民主革命道路。在孙中山的故乡——中山，这座中国唯一以伟人名字命名的城市，从未停止过对这位中国民主革命先行者的纪念，孙文纪念公园就是其中一座文化地标。

▷ 孙文纪念公园全景　明剑／摄

　　1996 年 11 月，在孙中山先生诞辰一百三十周年之际，孙文纪念公园全面竣工开放。它是中山第一个开放式公园，一个兼具名人纪念与市民休闲的城市公园。整座公园由两个平缓的山坡改建而成，因地制宜地利用原有植被，将人工与自然山水相结合，以植物造景，将孙中山先生的精神贯穿于园中，也为中山的公园绿地可持续发展提供了参照。

▽　美丽的孙文纪念公园　吴飞雄／摄

△　孙文纪念公园正门　叶劲翀／摄

"岁寒三友"点亮孙中山精神

　　纪念性公园的坐向与设计往往具有象征意味，孙文纪念公园也不例外。首先建起的孙中山纪念区坐落于新城区中轴线的"兴中道"之上，与中山市人大、政协的"口"字形办公楼遥相呼应。

　　在中山新十景的"兴中缀锦"上行走，老远便望见公园里苍翠的龙柏山以及那高高耸立于平台之上的孙中山塑像。从花岗岩砌成的平台拾级而上，经过牌坊、壁泉、华表等石雕装饰，我们站在"孙中山"的脚下，2010年亚运会火炬传递中山站的传送线路就是以此作为起点。随着"孙中山"的目光望去，

▽　孙文纪念公园坐落在兴中道上，与中山市人大、政协遥相呼应　吴飞雄／摄

△ 龙柏山上的 999 株龙柏宛若一支护卫队 夏升权／摄

但见周围的城市风景已是十年巨变，交通主干线上车水马龙、重重高楼平地而起：中山市广播电视台的办公大楼、由慈善万人行善款兴建的博爱医院、设计现代时尚的高尚住宅小区以及中山市最高的艺术殿堂——文化艺术中心……仿佛就是中山城市发展的一个缩影。而在这庄严肃穆的孙中山纪念区中，每一棵草木皆凝聚着家乡对一代伟人的永久怀念。

龙柏山上，999 株龙柏宛若一支护卫队，同样的身高，同样的英姿，排列成整齐划一的队形，庄严威武。它以"九九不尽"之意体现人们对孙中山的永久怀念，其矫健如龙的树形又寓意着龙的传人矫健冲天。叶正在《孙文纪念公园生态景观建设与管理》中透露，之所以选择龙柏，是因为此树在南方生长缓慢，可通过人工来修剪形状，以免遮挡孙中山塑像的光彩。

　　在平台的西北、东南和西南面，则分别是松园、竹园与梅园，与其相连的还有保留自原来的一片荔枝林。梅的傲霜凌雪、竹的清香亮节、松的万古长青，睹物思人间，不难体会园林设计者以"岁寒三友"比喻孙中山的高风亮节和伟大功绩的用心。

　　因水土不同，在南方生活的人们极少有与梅花邂逅的缘分，这一片梅林雪海成就了冬季里难得一见的美景，自然就成为游客们摄影留念的"背景板"。查阅资料才知，原来梅园中种植的是具"罗岗香雪"美称的酸梅树以及冬天花期的贺春梅。它们自然散布，自成一林。而与梅林相对的另一端

　　▽　严冬中怒放的梅花，正是孙中山先生一生的写照　　吴飞雄／摄

△ 公园内的鸟语花香 吴飞雄／摄

草坪上，则是一片"百年侨团林"。2006年的11月，来自20多个国家和地区的130个百年侨团代表在此种下了130棵"思乡树"，向伟大革命先行者孙中山先生致敬。如今，这片珍贵的沉香林长势喜人，也成为公园的一景。

有一年的冬季特别寒冷，游园之时却已见点点白梅吐露芬芳，让人不由为这生命的力量而振奋。从梅林中望去，正是孙中山塑像的背影。在辛亥革命以前，他领导的十次起义均以失败告终，但革命信念的火花一直不曾在他心中破灭，直到生命的最后一刻，仍带着"革命尚未成功，同志仍需努力"的遗憾而去。有人说，孙中山是一个伟大的失败者。他面对挫折的心态，也正体现着其人格的魅力。严冬中怒放的梅花，不正是他一生的写照吗？

民主的思想在草坪上延伸

与纪念区遥遥相对的综合游览区坐落在西面的山坡，这座原名为"马铃林山"的坡地如今被改建为休闲景区，东侧的"香山"览胜区上修建有观景阁。登山大道的"后来居上"入口一路向上，但见石山、瀑布、溪流，亭台错落。为体现孙中山先生的思想，三个小亭台也分别命名为民生、民权与民主。"飞来石""一线天""水帘洞""荷花池"……都是20世纪90年代公园设计中最为流行的元素。

▽　孙文纪念公园内的草坪　叶劲翀／摄

▷ 孙中山先生题写的"后来居上"
　　　　　　　叶劲翀／摄

▷ 孙文纪念公园内的香山
　　　　　　　叶劲翀／摄

▷ 孙文纪念公园香山内的池塘
　　　　　　　叶劲翀／摄

最美之处，莫过于那一片配有面积达2公顷的杜鹃园，其中种植了近2万株红、黄、白花。花期之时，百花争奇斗艳，令人流连忘返。除却这场视觉的盛大演出，园道两旁的桂花、白兰亦香气袭人。登上山顶，繁华的城区尽收眼底，身处之地却是清幽宁静的公园，以此地也成为恋爱的天堂。即使在忙碌的上班日，仍不时能邂逅几对牵手的人儿，在林荫花海中互吐衷肠。

△ 每年春季，公园内都会开满漫山遍野的杜鹃花 缪晓剑／摄

△ 公园里的联谊活动　余兆宇／摄　　　　△ 公园里的名人雕像　付希华／摄

　　山丘的西部则是在原有植被上保护、开发而成的自然生态游览区，400多株荔枝树及马尾松、湿地松、台湾相思、乌榄等乔、灌木仍保留着其"原生态"的模样，林间植物也是多种多样。看不见林道的尽头，仿佛尽头是《千与千寻》那神秘世界的入口。然而，树高林密，林道深幽，即便白天，也叫人望而却步，也难怪这里鲜有游客，却也成全了这一片自在天地。

△ 身穿节日盛装的孩子们一边奔跑，一边叫喊着"过年啦"，将欢声笑语洒满了整片草地　余兆宇／摄

△ 百年侨园林 叶劲翀/摄 　　　△ 草坪上游玩的人们 叶劲翀/摄

　　游园者最为集中的还是公园中联结两大纪念区与游览区的大草坪。据闻，设计师最初本想在中轴线的两侧各建一个半圆形的纪念馆，这片开阔的草地还是修改后的偶然所得，不想受到市民们的深爱。在成林成景的大王椰、油棕树等热带植物与千奇百怪的英石假山的环绕中，在此嬉戏玩耍的不仅是天真烂漫的孩子，还有成群结伴的大人。或者，坐在这一片柔软的绿茵毯上，谁都想放松一下，做个孩子。在晴朗的日子里，哪怕是寒冬，仍有不少家庭带着孩子，在此亲近自然，体验着天伦之乐。许多大型宣传活动也以此作为"布景板"。一次，恰好遇见中央电视台《我们的节日·春节——中华长歌行》节目在此取景拍摄。看着那些身穿节日盛装的孩子们一边奔跑，一边叫喊着"过年啦"，将欢声笑语洒满了整片草地。

　　不能不提的是，孙文纪念公园是中山第一个开放式的公园，其北门区的围墙、门柱也是以植物造型，在绿墙上造出了"孙文纪念公园"的中英文字体，在当时也是中山市造园设计的一次零的突破。虽然，没有围墙的公园给管理增加了难度，但从大马路至公园内，游园者只需迈出一步。公园以敞开的胸怀环抱着四方的游客，不管你是领袖，还是乞丐。

▲▲ 每逢佳节时，人约黄昏后

正因为孙文纪念公园离市民的生活如此接近，市民对它的关注十分密切。在 2009 年中山市政协十届三次会议上，一份《关于创造孙文公园休闲文化特色的建议》被纳入两会建议中。其中的建议包括能否在公园中增加纪念性设施、举办

△ 孙文纪念公园内的新春花灯制作现场，一位女师傅正在给孙大圣描绘眼睛　缪晓剑／摄

△ 大草坪上的"三羊开泰"灯饰　夏升权／摄

△ "粤剧风采"灯饰 夏升权／摄

更多文化活动、增加安全管理措施等。如今，公园里已经增加了警示牌、灯光照明与保安巡逻。

孙文纪念公园里举行的最大型的休闲文化活动莫过于每年一度的迎春花灯会。每逢此时，朋友圈中便纷飞着各种与花灯相衬的影像。这些年来，花灯会的乡土气息愈发浓烈。由最近一期的2016年猴年新春花灯会可见，传统喜庆的花灯文化与中山特色的菊艺文化已经融为一体。孙文纪念公园内设置了20组花灯，其中，大草坪上的主题灯组"金猴迎春"高度达19米，以"光、形、动、色"等科技营造一个"花果山水帘洞"，甚至也玩起"互联网＋"的新概念，其中一些猴子手拿现代通信工具的造型让人忍俊不禁。而在中山特色文化展区，以《金猴醒狮》《舞龙》《醉龙》《飘色》《金猴迎春》等以中山本土传统文化为主题的灯组，通过机器人的操作将中山民俗动感演绎。锣鼓喧天中，满目皆是激烈的色彩。

台湾著名建筑学家汉宝德在《建筑笔记》中对中国人的环境感受做过一番解读。他认为，中国人对色度的感受有着明显的二分倾向。苏州园林式的景观是古代文人以水墨淡雅书写的精神之园，花灯会的喜气洋洋自然就是方内世界里的人间烟火。对老百姓而言，艳丽的红色象征着幸福感的纯度。由此看来，在城市年味逐渐淡薄的当下，如果缺了这场闹腾的"春晚"，失了年俗，年也难以形成气氛。

花灯的布置并不局限于孙文纪念公园内。沿着笔直的兴中道，并在兴中道、博爱路沿线及主城区高速路出入口也挂起了串串灯珠，奏响新年灯光秀的前奏曲。实际上，当你站在孙中山铜像前遥望，笔直的兴中道常年绿荫笼罩、花团锦簇亦已融为公园道路，其间还串联着四个小型的街心公园、一座名树园，可谓当地公园最为集中之地。

将林荫道用作城市规划工具的思想诞生于巴黎。巴黎铁塔的设计者豪斯曼在修建富煦大道时，便有意让当地居民一出门便可感受公园之绿。翁郁的屏障为两旁建筑遮去噪音和废气。兴中道两旁多为政府部门，但离居民区和商业区也不算远。每天上下班时分，道路两旁车流繁忙，行人匆匆。而等万家灯火时，这条道路逐渐归于宁静，行人道上开始流淌起散步的人影。

许多个夜晚，当我走出文化艺术中心的剧场或电影院时，经常难以遇见出租车，若是晴天，便由此步行回家。一路上，和同行的亲友聊着余兴未尽的剧情，倒也不觉道路漫长。今天的城市之夜，自然不是往昔那般朴素，各种灯饰和屏幕释放着耀眼的光辉。有时候，我更情愿将注意力转移至寻找黑暗中潜伏路边的植物暗香。孙文纪念公园也好，兴中道也罢，普通的游人或许并不过分在意这些名字所承载的政治意味，只求在美景之中，找到与自然互通的密码。

游园指南

孙中山铜像是公园内的一座标志性景物，综合游览区入口的孙中山先生笔迹"后来居上"也常是游客拍照的背景板。沿着两旁的台阶顺路而上，便进入了香山园，"飞来石""一线天""水帘洞"等在别处似也有所耳闻，登上既可观赏整个园区又可欣赏中山石岐城区全景的"观景阁"，眼前才是独一无二的中山。

每年3月至4月杜鹃花怒放的季节，杜鹃园内将呈现一幅姹紫嫣红的"闹春图"，又是各路拍客相约行动的时刻。占地1万多平方米的杜鹃园共种有2万多棵毛杜鹃，属"映山红"的灌木杜鹃。园内山顶处是绝佳的赏花地。但见一朵朵杜鹃红娇艳欲滴、粉的温婉可爱、白的纯洁清新，游客可随小径徜徉其中，置身于花之海洋。

岐江公园

一座船厂的前世今生

　　一座破旧不堪的老船厂，摇身一变，成为屡获世界景观设计大奖的现代公园，如此传奇的故事，就发生在中山的岐江公园。

　　公园的首席设计师俞孔坚与他的团队借鉴西方环境主义与生态恢复及城市更新理念，对工业遗址进行保留、更新和再利用，因地制宜地建造出独一无二的公园气质。岐江公园融合历史记忆、现代环境意识及文化与生态理念的设计，成为中国景观设计领域中产业用地再生设计的创举之作，也反映了中山从农业文明、工业文明到生态文明的进程。

△　岐江公园全景　夏升权／摄

▲ 粤中船厂，在时代发展中浮沉

建造于1953年的中山粤中造船厂是20世纪近50年来中国工业化历程的一个缩影。

黎宏标老人与船打了一辈子交道，他从小生活在岐江边，小时候枕着船橹的荡漾声入梦。他不曾想到，在岐江河畔那片种着番薯、禾苗，养着鱼的土地上会崛起一座占地面积12.87万平方米，员工过千人的中山工业的"船老大"。在粤中船厂工作的30多年，也在其人生轨道上留下重要的印记。

中山河网密布，船一度是重要的交通运输工具，私人船厂林立。在新中国社会主义改造浪潮中，粤中船厂于1953年开始筹建，次年7月投产。随着广东、广西航运修船业逐步发展，其他部门，如海军、交通、水产、港务等也纷纷建立起各自的修造船厂，但粤中船厂是两地规模最大的一间。它原来隶

△ 从园中摆放的旧船依稀能看到船厂曾经的辉煌面貌　缪晓剑／摄

△ 船厂曾经用于加工的机器如今成了公园中的摆件　缪晓剑／摄

属广东省航运厅，行政上由石岐市代为管理，直到 1988 年才转隶属于中山市经委。

粤中造船厂与汕头的粤东船厂、阳江的粤西船厂、海南的文昌船厂、广西的北海船厂同属新中国成立后华南沿海地区建设的五大船厂。

中山地处珠江三角洲中部偏南的西、北江下游出海处，拥有丰富的海洋资源，辐射港澳，而且在当时，中山的造船业有一定的基础，岐江上游分布多间修理船厂，所以粤中船厂一经建成，以其强大的金属加工能力和机械制造能力，迅速推动了造船业、渔业乃至中山工业的发展。

20世纪六七十年代是粤中造船厂生命中最为鼎盛的时期。根据岐城活化社的资料，昔日的岐江桥、员峰桥以及中山、珠海部分人行天桥的桥梁钢铁都是粤中造船厂加工制造的。从粤中船厂"游"出的船舶有 150 吨活鱼运输船、300 吨机动驳船、500 立方米对开式泥驳船、675 马力拖轮、21 车汽车渡轮、320 吨集装箱船、300 人浅水客轮等。

粤中船厂创造了多个中山"第一"：新中国成立后中山第一家新建设的工厂、中山第一家省属国营工厂；它在技术创新上屡获突破：早在 1965 年，它便成功建造了广东省第一艘有 150 客位的内河钢制客货轮，即被后人常说的"红星123"；其 300 吨机动驳船荣获了全国优秀船型设计二等奖、500 立方米对开式泥驳船荣获省技术开发成果二等奖和省科技进步三等奖。

　　它还建造了澳门航行港澳线的第一艘钢质货柜船"大发"号、琼州海峡上航行的第一艘汽车渡轮和海洋航标船等；1989年，该厂还建造了四艘载重达2000吨的船，修理船舶30艘，总产值1845万元，创下建厂后的最高纪录。

　　可惜，身为中山工业"十大舰队"之一的它最终难逃时代的淘汰。从1980年开始，连接中山与外市的公路日渐增多，公路货运成为现代化运输方式。航行于珠江内河的300吨、400吨以下的甲板驳，及花尾渡、拖轮、"红星"等逐渐无用

　　△　两位小朋友在岐江公园内与两位"工人"嬉戏。岐江公园里每一尊雕塑都有其特别的历史意义，家长们在带领孩子游玩时，也要让他们从小知道我们中山过去的"故事"　余兆宇／摄

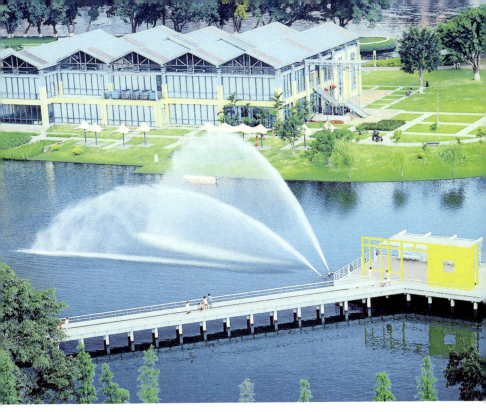

△　美术馆与水中的喷泉交相辉映　文智诚/摄

武之地。1999 年，这座承载了一代人"红色记忆"的老厂结束其辉煌的历史使命，只留下一地破旧不堪的厂房与设备。

足下文化与野草之美

2001 年 10 月，昔日的船厂以另一种面貌呈现在世人面前：占地 11 公顷的岐江公园上，破铜烂铁们被赋予了新的功能，成为历史的叙述者。艺术的新景观，引发了游人对生态保护与历史传承的体会。

据透露，在设计岐江公园之初，曾经有三个可能摆在设计师面前：借用当地古典园林的手法进行创作；或是设计成一个西方古典几何式园林；又或是借用西方环境主义、生态恢复及城市更新的手法，但却要抛却极端的保护与生态主义。在选择时，面对曾经承载着粤中船厂"威水史"的这片土地，公园的首席设计师俞孔坚与他的团队萌生了借鉴西方环境主义与生态恢复及城市更新理念，对工业遗址保留、更新和再利用的想法，因地制宜地建造出独一无二的公园气质。

中国传统园林强调"曲径通幽"，西方古典园林强调几何对称，岐江公园却以一种不同于以上两种方式的另一种美感动着每一位游客。

△ 家长拿起荒废许久的画笔，与孩子一起寻一寻童心 赵学民／摄

这种美看似杂乱无章。笔直的园道随意交错，鸟瞰下宛如一张大网。园内的植物看似毫无章法，仿佛许久之前就已野生于此。没有小桥流水，没有园艺造景，没有亭台楼阁，野草丛中藏遗址，从一处景观至另一处景观，是两点为一线的最近距离，简洁直白。

公园建造在中山市粤中造船厂的遗址之上，占地11公顷。首席设计师俞孔坚在2001年《新建筑》中发表的《足下的文化与野草之美》中介绍：本设计所要体现的是脚下的文化——日常的文化，作为生活和城市的记忆，哪怕是昨天的记忆的历史文化。本设计所要表现的美是野草之美，平常之美，那些被遗忘、被鄙视、被践踏的人、事和自然之物的美。

有业内人士认为，在当时的中国，这些理念并非无人知晓，但并非所有的设计师都能成功地影响决策者的最终选择。俞孔坚头顶戴着"中国第一位哈佛大学设计学博士海归"的光环，为设计方案增添不可忽视的说服力。但俞孔坚则曾经表示："我们（国内）不缺好的设计师，我们缺好的甲方。"岐江公园的超前设计在最初亮相之时也引起业界争论，甚至遭到大部分评审会专家的质疑。但在双方的积极互动下，方案最终付诸实践。该方案的生态理念吸引着素来注重环境保护的中山市政府。在岐江公园建成前，中山已是"国家级园林城市"，并获得联合国"人居奖"。也正因此，这块地处商业繁华地带的风水宝地最终没有成为少数人享用的房地产小区，而成为人人得以亲近的公园。

△ 公园内的水域，也是垂钓爱好者常到之处　缪晓剑／摄

　　虽然，受施工工期和施工过程的限制，部分设施构建物最终被放弃，对旧有建筑和设施的一些改造也因安全问题考虑做了重新调整。但岐江公园还是将俞孔坚与其团队的诸多理念加以展现。它也成为俞孔坚们的一个成功标本。

　　公园于 2001 年 10 月建成，一年后，岐江公园相继获得美国景观设计师协会年度荣誉设计奖、2003 年度中国建筑艺术奖、2004 年度第十届全国美展金奖和中国现代优秀民族建筑综合金奖。2009 年，它又凭借其独特的设计从美国旧金山捧回了"2009 年度 ULI 全球卓越奖"。从这些奖项的名称可见"景观设计"的范畴跨度，它已不再拘泥于传统"风景园林"的绿化美观。

2017 年是正值中山市荣获联合国人居奖 20 周年，11 月 8 日，俞孔坚受邀参加了在中山举办的"大湾区时代：城市人居与人文"发展论坛。他提到，岐江公园体现了中山人"敢为天下先"的精神，创造了中国多个"第一"：它是中国最早实行不收门票的公园，从一开始便设定为将公园融入城市的设计；它是中国最早建成的工业遗址公园，是"足下文化"与"循环再生"的先行者；它在中国最早开始践行生态修复、试行海绵型城市；以来自中山五桂山的野草创造的景观新美学，则体现了文化文明由"追求特殊"转为"走向平常"。

🔺 让破铜烂铁成为艺术装置

当我们走在岐江公园，依然可以寻见许多粤中船厂的昔日旧影——龙门吊、变压器、铁轨、船坞、灯塔、烟囱……造船厂遗留下的厂房与设备被巧妙地重新利用，鲜艳的油漆掩盖了其岁月的沧桑，转身一变，成为当代的装置艺术，但历史的隐喻仍然若隐若现。从某种意义上看，它是一个以公园方式呈现的工业遗产保护与发展的案例，不同于习惯性的"修旧如旧"，它是一种"新旧融合"的再创造，让人们在经过的一瞬间，体会那一段逝去的历史。

活化工业遗产的"棕地再生"在欧美国家早有先例，如由大型钢铁厂改建成的德国北杜伊斯堡公园、由废弃空军基

△　一条约250米长、三米宽的铁轨由公园入口一直
延伸至湖边的活动区　吴飞雄/摄

地改建成的加拿大当斯维尔公园、由巨型垃圾填埋场改建成的美国弗莱士河公园、由黏土矿场改建成的英国"伊甸园"公园，由石油库区改建成的澳大利亚 BP 石油公司遗址公园等。它们诞生的背景相似，皆因自 1950 年代起，随着工业区迁出城市，城市中心遗留下大量兴建于近代第一个工业化时期的工业旧址。后由景观设计师"点石成金"，将荒地变成绿地，消除了安全隐患，推动了城市的可持续发展。

无论是上述外国案例，还是中山的岐江公园，根植于工业遗产的"幻化"皆自带着其独特的历史背景，从而形成独一无二的景观设计。

一条约 250 米长、三米宽的铁轨由公园入口一直延伸至湖边的活动区，这是园中最具标志性的景观元素之一。人们每一次经过，都得放慢脚步，就在这跨越的一瞬间，你不得不想起它所记录的历史，在粤中船厂的辉煌时代，是新船下水、旧船上岸的必经之处，现在，却是贪玩的孩子显示平衡力的舞台。轨道间铺着白色的鹅卵石，因时间久远，部分鹅卵石或给一些游人拾去。两边野草丛生，人工设计的布局被草的野性掩盖，经时间的梳理，成就自然而然的随意。在一般的公园里，野草往往是被园艺工人铲除的对象，却在此点缀成平淡朴实的小诗。

铁轨的中部两旁伫立着 180 根白色钢柱，约有五层楼高，是公园内最引人瞩目的景观之一。每到夜幕降临时，灯光从

△ 三米高的红色的钢板围合成这个红盒子——"静思空间"，设计师试图以那鲜艳的红色勾起一段激情岁月的回想 缪晓剑／摄

地面往天空照射，为柱阵平添了一份神圣的光彩，如同一座纪念碑。当然，游园者并不在意太多的隐喻，他们只是在其他公园无法获得的穿越与跨越中体会一点乐趣，取得一点感悟，但这已经足够。

另一处让人难以忽视的景观是"静思空间"。三米高的红色的钢板围合成这个红盒子，出入口的两端是一条"Y"字形的道路。设计师试图以那鲜艳的红色勾起一段激情岁月的回想。"红盒子"内，步道两旁即是水潭，一部分的声音与景象被它隔离在外，让穿越此处的游客获得片刻宁静，重新翻阅起埋藏在内心的记忆。

据悉，在规划设计之际，项目评审会的大部分专家认为已经严重锈蚀的"破铜烂铁"不作保留，但设计团队以美国西雅图炼油厂公园和德国钢铁城景观公园的成功案例最终说服了他们。实践也证明了它的成功，它不仅满足了不同人的休闲需要，更成为中山市民拍摄艺术照、婚纱照的胜地。

一场现代景观设计的实验

"中山岐江公园是一个现代景观设计的实验。"俞孔坚曾表示，"既然是实验，必然不是完美的，当然，也会有可参考之处。"

亲水设计是岐江公园的一大特色，如其广场式入口处的一处平地涌泉，是游客们流连忘返之地，公园的景观不再是仅作观赏，站在造船厂的铁栅格上，游客们喜欢用双手去触碰那水花，它与脚下的钢铁截然不同，体会其中的乐趣。

这些可圈可点的设计中也有值得探讨之处。岐江公园所处的位置本身具有临江含湖的先天环境优势，其场地中35%的水面可以充分利用。在对园内湖岸设计与保护中，设计团队也面临过诸多难题。

△ 岐江公园所处的位置本身具有临江含湖的先天环境优势，其场地中35% 的水面可以充分利用　缪晓剑／摄

根据相关资料的介绍，公园的湖面与岐江相连，是珠江水系汇入大海的重要衔接口，在海潮影响下，其水位日变化达 1.1 米，为避免水位变化影响景观，设计师创造了栈桥式的堤岸。一系列方格网状的步行栈桥临水而建，并以本地的水生植物遮挡栈桥的架空部分，以适应水位变化以及水深情况。游人可在栈桥上行走，穿行于高低错落的植物丛林间。只是，亲水性的设计虽给予人们亲近自然的距离，也带来一些不安全因素，需要游园者自我约束。

与"琥珀"水塔共处于"生态岛"上的大榕树们则因巧妙的幸运地得以保存下来。据悉，当初出于防洪的考虑，本需要湖岸拓宽 20 米，这些百年古树一度遭到砍伐的威胁。为了保留这些自然遗产，设计团队根据河流动力原理，开挖内河，造就了这一块生态岛。

开阔的地面，固然为户外活动提供了各种可能，但一些地方也因缺乏遮阴而使人不得不直面阳光的洗礼。这对偏爱皮肤美白的东方人来说是一种考验，有趣的是，如此"暴晒"的日光浴却备受欧美人青睐。在法国、美国等公园内，我总是遇见许多戴着墨镜迎向太阳的当地人。这或许是一种生活习惯的差异。

作为一个工业遗址保护案例，岐江公园或许还为我们就"遗产"的定义引发新的思考。遗产的价值如何判断？它或者并非因哪位名人而名声大噪，或者也没有令人叹为观止的瞩目外观，甚至可能无十分明显的当代实用价值。它只是普

△ 位于生态岛上的"琥珀"水塔 缪晓剑／摄

◁ 生态岛
文波 / 摄

通人的集体记忆，但正是一个一个的普通人，创造了不可磨灭的历史。在遗产保护的实践中，非"文物"级别的历史遗存往往更容易受到经济利益为本的忽视，出于"成本""方便"的理由，被推土机简单地清除。

然而，对历史的忽视最终将导致丧失精神家园的遗憾。条件受限之时也正是考验智慧之际。在决策之时，我们能否都慢一慢脚步，等灵魂跟上，三思而后行？值得一提的是，在岐江公园规划设计方案的修改论证阶段，公众通过电视、广播与模型对方案获得了较充分的了解，在当时呈现了民众对城市规划设计空前广泛的参与性。俞孔坚 2017 年重游故地时透露，当年方案遭到 99% 的评审会专家否定时，中山市政府决定听取民意，举办"听证会"。投票结果显示，72% 的市民选择建造现代感的工业遗址公园而非古典化的岭南园林。"那是 1999 年，远早于 2005 年的'共和国历史上史无前例的圆明园听证会'。"

可以说，岐江公园的超前创造与成功再生，也是中山人自己的选择。

▲ 游园者，延续着公园之魂

随着时间的推移，中山人早已对岐江公园错愕之美习以为常。

我不止一次在周末的早晨到访公园。每次到访，都能见到抖空竹的老人、慢跑或散步的晨运者、与孩子一同嬉戏的家长，不时偶遇拍婚纱照或摄影沙龙的人们。他们与那些散布在绿草林荫中、代表着效率和实用的机器"雕塑"擦肩而过，熟视无睹、脚步轻缓。倒是一些游客，仍会不时兴奋地驻足，与其留影纪念。

▽ 湖中的喷泉在空中划出优美的抛物线，坠入水中，激起朵朵白浪　缪晓剑／摄

公园内，还有一艘"粤中"号的旧船停靠在岐江边。据说，它属于粤中船厂最后一批的产品。看见自己当年亲手制造的产品，老船厂的工人是否百感交集？孩子们不懂祖辈的辛酸，他们只会好奇地在船舱间探望，过一把"小船长"的瘾。我的孩子最喜那湖中的喷泉，它在空中划出优美的抛物线，坠入水中，激起朵朵白浪，也在孩子的心湖上画上巨大的感叹号。

在最理想的天气里，漫步岐江边，云淡风轻，鸟语花香。大榕树下，人们阅读、聊天；或是一个人静静地发一会呆；转进美术馆内欣赏画展，叹一会空调，对忙碌的现代人来说，清闲是难得的。想起梁文道的教诲："读一些无用的书，做一些无用的事，花一些无用的时间，都是为了在一切已知之外，保留一个超越自己的机会。"不妨心安理得地继续享受这无所事事的时光。

待那华灯初上时，岐江夜游的码头逐渐热闹。夜幕中的岐江公园内，沉睡的构建物被灯光点醒，焕发出神秘的光芒。

这正是法国纪录片《非凡的园林》（暂定名）拍摄岐江公园的最后一个镜头。该纪录片第一季在全世界选取了5个新式园林作为拍摄对象，岐江公园作为中国新式园林的代表而入选，其余为澳大利亚克蓝本花园、巴西贝尔纳多·帕斯的收藏馆、苏格兰的邓弗里斯宇宙思考花园以及开罗的爱资哈尔公园。2016年10月，因为拍摄需要，当年的公园设计者故地重游，又一次讲述起公园的前世今生。

△　沉睡的构建物被灯光点醒，焕发出神秘的光芒　缪晓剑／摄

△　大树上挂满的灯笼给公园带来了不少节日的气氛　缪晓剑／摄

▽　岐江公园与中山一桥遥相呼应　夏升权／摄

导演斯蒂芬·卡雷尔在接受记者采访时表示，该系列纪录片的主旨在于展示当今园林设计的颠覆性思维。"社会在演变，园林也应如此。进行景观设计时候，设计者所考虑到的不只是简单考虑一朵花的美，而是要讲述一些对当今意义重大，值得讲述和引起注意的事。所有事物都和环保、生态、文化、艺术相联系起来。这些园林是自然与艺术的理想结合，也为城市带来最重要的一片绿色空间。我们所守护的这片绿色就是未来。绿色极其重要。人们需要可以放松，可以自由思考和表达自我的空间，而置身这空间中，会使人们不由得对自己，对周围的世界发起思考。"

这位法国人的摄影镜头不仅收录了岐江公园内的草木、建筑与水波，也捕捉住在铁轨旁玩耍的小孩、拍婚纱照的新婚夫妇、跳舞的舞者、清晨在芦苇丛放歌的老伯等人物影像。它应验了俞孔坚所言："岐江公园是一个舞台，市民在这里每天都有精彩的'演出'。"正是源源不断的游园者，赋予了岐江公园蓬勃发展的生命力。

游园指南

中山美术馆：于2002年开始筹建，同年11月6日正式建成对外开放。中山美术馆运用"大美术"的观念，以历代中山籍美术家们的精品为主要的收藏方向，通过在中山美术馆举办展览的艺术家捐赠、社会人士捐赠等多种征集渠道，目前已收藏了一批各级艺术家捐赠的作品，收藏功能日渐完善。不时组织"我与画家有个约会""馆长带你看展览"等品牌文化活动。美术馆周围也是举办各种亲子活动和写生比赛的老地方。

开放时间：9:00—17:00（16:30停止入场），免费入场。

岐江夜游：全长约6公里，以水为魂、桥为眼，以香山历史为铺垫，每天15:00—22:00，14艘各式游船将载着来自各地的游客在岐江上荡漾，品味百年的历史沉淀，观赏现代都市景观。

钓鱼区垂钓：公园西门附近设有钓鱼区，地方不大，却环境清幽、绿树成荫。钓鱼"发烧友"可于此钓上一天，小朋友可在家长的看管下用小鱼网捕捞小鱼虾或小蝌蚪。免费游玩，但务必注意安全。

历史体验：公园内保留大量粤中造船厂的生产机械和场景再现的雕塑，可与游人拍照留念。

古榕小岛：公园内有一座铁桥通向古榕小岛。岛上保留着旧船厂昔日种植的参天大榕树，树下清凉舒适，适合冥想与放松。

亲水栈道：为解决潮汐差对公园河漫滩景观的影响，同时增加游人亲水体验，公园内修有一条直线的亲水栈道。在此，游人仿如行走于河上，水位低时可见水生植株布于栈道之下，感觉非常奇妙。河中设有大型喷水设备，为公园增添优美的弧线。

中山乡土树种基因库

树木园

位于中山市城区南郊的树木园，是"中山乡土树种基因库"。在目前这占地面积约 1400 亩的绿色世界里，谁能说得清到底生长了多少植物？一年四季流转中，不同的生命在此绽放，每一次游园，你都可以认识新朋友，丰富着你对森林的认识。

这片自然的休闲场所，尤其为城里人所钟爱。在它尚未正式开放之时，便已聚集了不少的人气。闲暇的时光中，人们在静谧的林道间行走，在粼粼的波光中回忆，在鸟语与蝉声中放松，重拾对生命的感悟，感念大自然的馈赠。

△ 树木园的正门入口　吴可量／摄

▲ 中山生态文化的靓丽名片

一条 8 公里长的环山路穿行于树木园的青山绿水间，是健行者锻炼的好地方，行走一圈大约一个小时。每次周末到访，我都能碰见几群穿着"家庭装"的一家人，孩子们像出笼的小鸟，欢快地奔跑，笑声背后洒下串串晶莹的汗珠。脚力好的游客可通过 15 公里长的登山路一直爬到山顶。但见不远处是此起彼伏的现代楼宇，我更加珍惜脚下这片绿土。

来自中山市国有森林资源保护中心的廖工告诉我，树木园最初远非今日这般蔚然深秀，而是一片光秃秃的"荒山"，所栽树种以松树和杉木为主。"整座山林的表情略显呆板，看上去颇为单调。"

△ 游人可以按照树木园的游览图到达想要去的地方 吴可量／摄

△ 位于园内左侧的科普基地　孙俊军／摄

△ 水生植物区　吴可量／摄

　　根据规划介绍，树木园原称"中山树木标本园"。园内左侧深处的休闲广场原是市林业局科学研究所门前的小广场，它仍保留着三十多年前的模样。当年种下的枫香、柚木、秋枫、八宝树、牛乳果树等已成参天大树，它们见证了树木园的发展，如今犹如慈祥老者，守护着树下玩耍的孩子们。

随着生活水平提高，中山人对公共绿地休闲空间的需求增大。经过多年酝酿。树木园被定位为以本土植物为特色，以森林生态示范建设为中心，集科研、推广、科普、科教、种质资源基因保存、苗木培育和生态林建设、示范、生态观光、休闲建设等于一体的树木专题园。自 2013 年正式开放以来，游园者络绎不绝。树木园也应市民需求不断扩张它的版图，继第一期、第二期工程建成后，第三期扩容与品质提升工程也在有序开展中。廖工告诉我，2017 年，整座树木园正迎来大规模的景观提升，在现有约一千四百亩的基础上，再生出两百七十四亩的面积，最终达到近一千七百亩。

在游览中，我得以对第三期项目规划书先睹为快，深感树木园即将翻开一个色彩更为丰富、更具人文艺术气息、园区周边交通更方便、更强科普科教科研功能的崭新篇章。

其中增设的项目包括多彩中山园、湿生木本植物展示区、紫葳展示区、沉香展示区、棕榈展示区、盆景园、侨乡纪念林等特色园区。新增地块还将增设入口广场，增加停车位置，力求将树木园打造成全国独具特色的植物种质资源保存研究中心及广东省科普教育示范基地。生态与人文相融的景观设计将使树木园成为中山生态文化的一张靓丽名片。

植物园与一般观赏园的最大不同在于其对科学知识的发展与普及。作为中山唯一一处专类植物园，从市林业局下属的科学研究所到为人人共享的公共绿地，树木园免费向公众

△ 孩子在荷塘边仔细观察水中的小鱼　吴可量／摄

△ 园内的草地是不错的亲子乐园　吴可量／摄

△ 位于半山腰上的侨乡公益林　吴可量／摄

△ 园内有关竹子的科普知识　　　　　△ 大树下的巨石也刻着有关树木的信息
　　　　　吴可量／摄　　　　　　　　　　　　　　吴可量／摄

敞开大门，让中山人得以认识身边的绿色伙伴，增长了知识，也锻炼了身体，在亲近自然中深化对这座城市的家园感。

为保持树木园自然环境的天生丽质，以水泥构造的硬体化建筑在园内并不多见，靠近原大门口的年轮广场算是最为显眼的一处。它为何命名为"年轮"？若以无人机从空中鸟瞰它的地面铺石，你便会发现一圈圈的树轮。未来，这里将增加一座两层高的生态展示馆，举办标本陈列展和各色科普活动。

▲▲ 穿越树木进化时空隧道

我以前只在书本上对某些植物有所了解。比如那素有"植物活化石"之名的苏铁，曾见证恐龙时代的兴与衰。自然界中毒性最大的乔木——见血封喉树，曾被少数民族利用于猎杀野兽中；"湘妃竹"上的点点斑纹，源自一个凄美的神话——

▽ 使君子 吴可量 / 摄

那是娥皇和女英哭悼舜帝时洒下的泪滴。在言情小说家张小娴的《面包树上的女人》中认识来自异域的猴面包树……然而，剥去故事与传说的外衣，我们对植物本身的生命特性又有多少理解？相信，一般人也像我一样，谈不上多么深刻。

树木园是一本读不尽的大书。廖工说，树木园也可视为"木

▽　黄槐　吴可量／摄

△　金英　吴可量／摄

△　粉花夹竹桃　吴可量／摄

△　每棵大树上都挂着有关树木信息的标识牌，游人通过扫描二维码还能获得更多相关的知识　吴可量／摄

本植物的种子基因保存库"。世界上的木本植物超过两千多种，而游人可在树木园内找到一千四百多种木本植物。

边行边走，你会发现这里的植物身上一般都会挂着一张简介小牌，分别有红、蓝两色，红色代表它是珍稀濒危或国家保护的品种。据称，园子里种植了90多种国家重点保护和珍稀濒危树种，其中包括银杏、单性木兰、红豆杉等7种国家Ⅰ级保护树种。如今，许多植物还加挂了附有二维码的牌子，用智能手机扫一扫，我们便可将专业而丰富的背景资料一手掌握。甚至可预见它在不同成长过程中的模样。

树木园所处的丘陵山地是典型的中山山区地貌，从而为乡土植物的培育提供了得天独厚的生长环境。像土沉香、假苹婆、

黄桐、水松、四药门花等，虽然我们可在中山的野外时常遇见，但对其谈不上深入了解。如今它们近在咫尺，得以仔细端详，你会发现，朴素的乡土生命同样多姿多彩，神秘而骄傲，一点不逊色于那些挂着显赫铭牌的奇花异树。

作为林业科研，园中也有一些"外来客"。在园内的国外引种区，可见天骄野牡丹，香水合欢，来自泰国的美丽芙蓉和人称"巴西羽毛"的赤苞花等。廖工介绍，引种其实是一个漫长的过程。初来乍到的新移民需要适应陌生的生长环境，从中锻炼出新的生存智慧。在林业工作者看来，这过程亦像是一次驯化。苗圃里的幼苗一举一动都在他们的密切关注下。

园内占地约 10 公顷的树木进化系统分类小区是当时全国首创的科普园区，也是让众多林业高校科研人士前来朝圣的"宝地"。

工作人员按树木的系统进化顺序沿主干道两侧种植了 700 多种树，它们以各自的生命形态，为我们诉说了从原始的裸子植物到单子叶植物的漫长进化。沿着倒 U 形的主干道环绕一圈，游人仿佛穿越了一个绿色的时空隧道。这种从原始到先进的种群变化十分微妙，难以被非专业的眼光察觉。然而，相比植物进化成千上万年的时光变迁，人类的发展历程只是其中匆匆的过客，如此而言。我们如何谈得上是宇宙的主宰？

读罢诺贝尔文学奖得主莫里斯·梅特林克的《花的智慧》，我更深感自身渺小。梅特林克告诉我们："植物在繁衍过程中需要比动物克服更大的困难。因此，植物中的绝大多数需要依赖于化合反应、机械力，或者某些'小伎俩'。"植物的智慧令人惊叹，它们不仅是香薰师，能调制各种独特的气味；也是艺术家，创造了赏心悦目的造型与色彩；它们还是严谨的科学家。"它们对机械、发射学、航空、对昆虫的观察，常常领先于人类的发明与技能。"植物亦有深沉的情感。在作家拟

△　蛋黄果　孙俊军 / 摄

△　野牡丹　孙俊军 / 摄

△　香水合欢　孙俊军 / 摄

△　朱瑾　孙俊军 / 摄

人化的生动描写下，一些花朵的雄蕊为繁衍后代所做出的舍命牺牲，也叫人自惭形秽。

▲▲ 随我去那花花世界

在以乔木和灌木为主的树木园中，不止万绿丛中一点红。

夏季是赏荷的佳期。进园不久，便可遇见一片水面清圆的荷塘。在辛亥革命百年纪念的 2011 年，这里又增加四位与孙中山有关的新成员：中山莲、孙文莲、逸仙莲与中山红台。

据说，孙中山对出淤泥而不染的荷花情有独钟。中山知名学者胡波在其《孙中山的莲花情结与中山人的荷花世界》中提到这几种莲花的来历。1918 年 6 月，孙中山为感谢房东

△　夏季是赏荷的佳期，园内的荷塘里盛开着美丽的莲花　赵学民／摄

△　秋季的荷塘，展现给游人的是另一种萧瑟的美　吴可量／摄

田中隆先生对他的支持，赠送给他四颗莲子，并附上其亲笔手书"至诚感神"和"天下为公"，寄望中日友谊之情与中国民主革命的成功。后来，日本"莲花博士"大贺一郎先生将这四颗莲籽培育开花，取名"孙文莲"。1979 年，全国人大常委会副委员长邓颖超访问日本，日方将孙文莲等一批由中日两国专家共同培育的荷花品种赠与她带回国内，此事成为中日友好交往史上的一段佳话。"中山莲"与"中山红台"则是由中山野生莲花演化而来，于 2002 年在中山市"荷趣园"内被人发现，一白一红，花瓣重重，花中孕花，花型蔚为壮观。

　　荷塘四美芳名远播，水岸边迎风摇曳的那些我所不知的陌生植物同样惹人怜爱。像水边一排小黄花，咧着小嘴，正冲你莞尔一笑。波光潋滟中，游鱼灵巧地穿行于亭亭净植间，亲吻花叶倒影，几只乌龟懒洋洋地躺在卵石上，仰着脖子享受日光浴，眼到之处皆成画。

春季不妨来木兰园走一走。这里亦种植了诸多名贵观赏花木及珍稀植物，每到花季，高大的树冠间便开出大轮的花朵，清香四溢，典雅高贵。木兰科的它们各有一个清丽脱俗的名字：白兰、黄兰、荷花玉兰、玉堂春、乐昌含笑、红花木莲、金叶含笑等，花季时幽香扑面，叫人顾盼神驰。

我在澳洲留学时寄宿的房东家门前便种有一株荷花玉兰。它油绿的叶子、高挑的身形、硕大的花朵，让人一见倾心，至今难忘。小时我也曾漫步孙文路的白兰花树下，将花骨朵藏于口袋、串成手链，或是枕着馨香入眠。但它的花朵还是小家碧玉形的，不似这般"花开阔绰"。后来翻阅美国作家南茜·罗斯·胡格的《怎样观察一棵树》，才知荷花玉兰的花朵也是北美原产的最大的花之一。花朵尺寸的巨大也揭示了它的古老血统，南茜在梅·沃茨的《美国景观读本》中找到玉兰花的 11 个原始特征。但我更醉心于沃茨邂逅三瓣玉兰的诗意描写："我用一双善于抓握的现代的手，捧住了玉兰花折射的月光……"刹那间，时空穿越至大自然第一朵花绽放的时刻。

至于含笑，叶灵凤在《香港方物志》中形容它的香味是"一阵很重的熟香蕉的甜味"，认为这也是"热带花朵特有的香气"。他还提到，由于含笑的花蕾多在白昼时半开半合，广东人又称它为"夜合花"，有广东山歌唱道："待郎待到夜合开，夜合花开郎不来，只道夜合花开夜夜合，哪知夜合花开夜夜

▽ 凤凰树 吴可量/摄

丽。"可是，"80后"的我在广东生活三十多年，不曾听闻如此蕴藉的民歌。古人寂寞空庭春欲晚的闺怨，已被化解为"今夜你会不会来，你的爱还在不在"的直白。

▲ 步入植物保育的摇篮

△ 四药门花 孙俊军/摄

然而，多少次在花海中流连忘返，我只看到花姿绰约，花颜灿烂，却并不知晓种花人为它们付出的心血。直到有一次，在向导廖工的带领下，我与同伴走进一条从未走过的小路，探访了隐居山中的四药门花，才明白这生趣盎然的山谷也是植物保育的摇篮，洒满林业工作者辛勤的汗水。

从绿茵湖的尾部出发，走下一段泥坡，跨过一座小桥，在一条清澈的小溪流边，几株四药门花静静绽放。它们的花朵看上去毫不起眼，花瓣如细线，色泽素白，整个花形如同绒毛小球，乍眼一看还以为是蒲公英的哪位远方亲戚，但听廖工说完它的身世，我们才知这花非比寻常，目前已被世界自然保护联盟列为稀有植物。

根据中国科学院的资料，四药门花自首次被人于香港发现后的近一个世纪里，它的身影都不曾在香港以外的地方出现，因此它一度被认为是香港的特有物种。直到1957年，人们才相继在广西龙州、贵州茂兰和中山的五桂山内发现了极为稀少的植株。"我们也是近年来才在中山发现四药门花的原生植株。当时仅有几十棵。"廖工介绍道。

四药门花并无太多经济价值。或许植物亦有情，它对自己的未来也持着自暴自弃的态度。假如花有性格，它就是悲观主义的花朵。每年的9月至次年2月正是四药门花的花期，常常凋谢的花朵还在枝上，新的花朵已纷至沓来。虽然花期长，花量多，却很少结果。根据廖工介绍，在中山，四药门花几乎一年四季都可见开花，10月尤甚，可是，"它的种子落地后并不会萌芽"。

科研人员发现，四药门花之所以濒临灭绝，是因为它存在自交衰退现象，以致自然结实率仅有4.79%（成功的自花传粉植物的自然结实率约为85%），即使辅以人工异株授粉，其结实率也只有6.67%。

在一般人看来，四药门花既然无用，随它而去又何妨？可在林业专家眼中，古老的它如同动物界的大熊猫，具有重要的科研价值，是揭示植物系统进化全貌的一块不可或缺的"拼图"。

为了保护这一种群，中山的林业工作者迎难而上，逐渐摸清了四药门花的生活习性和开花结果的规律。自 2007 年开启的四药门花保育项目如今已获得可喜的成果。通过人工扦插，目前，这种植物在中山的存量已由原来的几十株发展至上千株。如今，一批幼苗已迁地种植于树木园内。它们的新家一如其"故乡"五桂山腹地一般湿润。枕着熟悉的潺潺流水声入眠，扎根肥沃泥土里汲取源源不断的养分，四药门花的遗孤已获新生，长势喜人。

▲▲ 相看两不厌的对望

金秋 10 月，是山茶花盛放的季节，也是树木园山茶园内争奇斗艳的选美季。目前已有四百五十多种茶花已在安居乐业，未来数目还将增加至九百多种。"山茶花特别难管理，

▽ 勒杜鹃 吴可量/摄　　　　▽ 珍贵的茶花 孙俊军/摄

它们可能吃肥了，所以施肥打药的活儿要做得特别精细。"
廖工透露。

园内的"最健美先生"要数体量最大的两棵山茶花——
狮子笑。它们生得虎背熊腰，霸气外泄，枝繁叶茂间托挂着
一团团粉红色大花球。此花之名得自其花中部小花瓣与雄蕊
混生，簇拥似狮子的笑脸。每年12月至翌年3月便是它们的
花期。一道道花团锦簇的绿色屏障张开双臂，笑迎来客，让
人不由感叹生命的丰饶与华美。

山茶中的花魁或许可颁给"植物界大熊猫"——杜鹃红
山茶。游人可在中山国有森林保护中心的办公楼旁发现它们
的芳踪。此花与四药门花一样，拥有传奇的身世。

1986年，有人在广东省阳春县鹅凰嶂上发现"国宝"，
一片野生山茶花惊艳了世界。站在当时为世上仅存的野生杜

▽ 龙船花 吴可量/摄

▽ 面积1.5公顷的竹园是250多种
竹子共有的"家族庄园" 吴可量/摄

鹃红山茶面前，人们疑窦丛生，大自然如何以其看不见的手，促成了杜鹃与山茶花的"完美结合"？花如其名，杜鹃红山茶花的花颜颇为奇特，长着一张酷似杜鹃花的俏红脸，而且"花颜不老"。只要经人细心打理，便可花开不断，哪怕炎炎盛夏也是满树嫣红，不畏酷暑骄阳的考验。艳红的花瓣衬着金黄的花药，饱满的花形自带雍容华贵的气场。

物以稀为贵，有人垂涎它们的美艳，歹心者对其展开野蛮的盗挖，导致野生植株数目一度剧减。幸运的是，林业专家最终从濒危边缘救回这朵"世界名花"。经过人工繁殖，它们的价格也不再高处不胜寒，逐渐飞入寻常百姓家，在一些住宅小区和精品公园里，供人欣赏。

树木园中另一处令人眼花缭乱的植物天地要数与荷花池毗邻的竹园。中国生长有五百多种竹子，是世界竹类资源最丰富的国家。竹子多分布于南北回归线之间的热带、亚热带季风气候区的平原丘陵地带。竹子属于草本植物，中山的气候恰好适宜竹类的生长和繁衍。

面积1.5公顷的竹园是250多种竹子共有的"家族庄园"。"老大哥"是全世界最大的竹子——外形如定海神针似的"竹王"巨龙竹，它的干径可长到30多厘米。"小弟弟"则是世界上最小的竹子——属于赤竹属，原产地为日本的菲黄竹、翠竹、铺地竹等，它们常作为观赏竹与地被植物，看上去宛如刚探出头的小苗。竹子中不乏"奇人异士"，如竹身宛如片片龟甲覆盖的龟甲竹；也有似绝代佳人，如竹身会随年岁

△ 竹林中种植着各式各样的竹子 孙俊军/摄

增长而黝黑发紫的紫美人竹——它也是经常被古人入画的"四君子"之一。有一些竹子，光听名字便让人肃然起敬，如"孝顺竹""妈竹"等，叫人好奇它们藏着怎样的故事。

植物从不多言身世。我也是在书写过程中才开始学着端详身边的一棵树、一朵花。那一刻，正如以花卉特写系列闻名于世的美国艺术大师欧吉芙所言："当你仔细注视紧握在手里的花时，在那一瞬间，那朵花便成为你的世界。"我感到，与自然相融，也是治愈内心焦虑的良方。不知道你是否也有过这样的树木园行走，任汗水一滴滴流下，任时间一点一点过去，与路途中经常碰面的花与树道声早，竖起耳朵，仔细捕捉飞鸟与昆虫的低鸣；暂别了网络时代的各种干扰，广袤天地间，只听见自己的脚步声与呼吸声。

我并不感觉孤单，反而有一种怡然自得的满足。

游园指南

树木园内设有科普专类园区、苗圃示范区、特色科属种质资源保存区、生态林建设示范区和入口管理区等5个功能区。其中木兰园、系统分类区、优良乡土树种展示区、竹园、桃花园、山茶花园等。目前已收集、引种标本树种1200多种，数量15000多株，其中木兰科95种，竹类250多种，含银杏、单性木兰、红豆杉等7种国家一级保护树种在内的国家重点保护和珍稀濒危树种90多种。

同时，中山树木园各项基础设施及配套设施日趋完善，已完成15公里登山路、8公里环山路、人工湖及休闲广场等基础设施建设。园区大门出入口广场、科普展示楼和科技培训楼等建设项目正在紧张有序地施工中。

公园大门入口处种植有三十多棵不同品种的大树。其中年轮广场附近的人面子树是园内最大的树，需三个大人才能将其合围。最老的一棵树为海红豆。

名树园

写给岭南园林的一首诗

　　某天，由博爱路往兴中道方向驱车行驶时，坐在副驾驶座位上的我忽然发现，一条清幽的绿色长卷在右边徐徐展开。那是中山名树园。透过公园的栏杆，但见园中大树林立、巨石错落、草地起伏、水雾迷蒙，令人神往。

　　博爱路与兴中道上车水马龙，白石涌、文化艺术中心、库充民居、新体育馆环绕四周，名树园犹如一块"飞地"，让人萌生出穿越时空的错觉，书写着一派清新典雅的诗情画意。它小巧精致，地形起伏，让游人难以一览无遗；它叠山理水，宛自天开，令人意犹未尽。绿瓦红墙的建筑构筑出岭南园林的古典气质，上千棵古朴精巧的乡土名树形态各异，姿势美妙。兼具观赏性与休闲性的中山名树园于 2012 年获得广东省住房和城乡建设厅颁布的"岭南特色园林设计奖"。

　　△　名树园位于中山市博爱路和兴中道交界处，是市民休闲的好去处　叶劲翀／摄

△ 正在建设中的名树园 文波／摄

将最好的地方留给市民

2007 年的最后一天，一排巨型的公告牌竖在博爱路和兴中道交界处的"丛林"边，牌上的名字宣示了这片土地的未来——名树园。2009 年 1 月 21 日，该园揭开了神秘的面纱。市民趋之若鹜。该主题袖珍园最后入选中山 2009 年十大民生工程。

名树园诞生之时正值中山古树名木保护进入新里程。翻开城市档案，我们发现，早在1992年，市政府办公室便发出了《关于保护城区古树名木的通知》，公布了中山市城区第一批古树名木 46 株。1998 年，第二批应立档保护的古树名木 291 株名单公布。2004 年 10 月颁布的《中山市古树名木保护管理规定》则进一步明确和落实了古树名木的保护责任,为古树名木贴上"护身符"。2005 年,中山应立档保护的中心城区第三批古树名木 30 株名单公布。次年,古树保护从城区走向镇区,市政府办公室下发了《关于公布我市镇区古树名木(第一批)的通知》,公布了第一批镇区古树名木 786 株。截至 2007 年,中山共列出应立档保护的古树达 1153 株。

公众开始意识到,这些陪伴着我们成长的老树不仅是可供遮阴避雨的植物,也见证了时代的变迁,承载着集体的记忆。只是许多人对乡土树种并不了解。当时一项记者调查显示,能说出十个以上树种的市民寥寥可数。名树园建成后,为市民提供了生动的自然科普教科书。很多人通过与树木对应的铭牌介绍,知晓了它们的"身世"。

当名树园的兴建将推倒原址上的马占相思和桉树时,一些市民多有不舍。毕竟,这片野趣横生的丛林已成为身边熟悉的城市风景线。据悉,这些树木源自 20 世纪 80 年代的大面积造林,当时对树种的选择多出于"多、快、好、省"的思路,尚未深刻意识到桉树会对土壤酸碱性带来的负面影响。

建园之前,名树园所处的位置已成为这座城市的"会客厅",附近云集了行政办公、繁华商圈、文化艺术中心和高档住宅小区。当时有人表示,该地块估值将近 3 亿元。正当众多房地产开发商蠢蠢欲动时,中山的城市决策者决定"最好的地方还是留给市民",将其规划为城市公共绿地,投资3000 万元,力求在此建造一座精品园林,展现中山本土文化。

名树园占地约 4 万平方米，面积不大。该造园规模与传统岭南园林以小园为妙多有相似，在园林欣赏方式上以静观近赏为主，动观浏览为辅。中山特色的名树名木是名树园的主题曲，有别于周边的现代都市面貌，设计者对它辅以了岭南古典园林设计手法，假山跌水、亭廊、小桥流水、微地形、雾喷等景观元素营造出一派清新自然的景象。

△ 假山跌水、亭廊、小桥流水、微地形、雾喷等景观元素将名树园营造出一派清新自然的景象　叶劲翀／摄

参与该项目的工程师吴颖说，在广西南宁亦有一座位于城市中心的名树园，在中山名树园设计初期，他们曾前往参观，在微地形、雾喷等景观设计上获得诸多灵感。

▲ 名树贵在仪态而非身价

关于名树园的设计目的和理念，《中山市名树园景观工程项目设计技术报告书》里有这么一段："名树园的设计不需要规则的铺地，不需要整齐的修剪，呈现在人们面前的是一片和谐、宁谧的原生态树林，从而满足都市人回归自然的渴望。"

树木占据整个名树园设计范围的七成以上。通过微地形的处理，设计者营造出高低起伏的丘陵，行人移步易景，景

△ 观景亭位于园中的最高点，能鸟瞰公园的全景　叶劲翀／摄

致错落变化。其中，观景亭所在的"小山"为园中的最高点。鸟瞰公园，你会发现主干游览园路之外，还有许多纵横交错的小径。有的小路狭窄至仅能一人通过，漫步其中，周围的植物触手可及，被自然怀抱的亲切感油然而生。

仔细端详，名树园的树木布局颇有讲究。高大的树木往往置身外侧，形同屏障，以自然之势屏蔽了博爱路与兴中道的喧嚣与尘埃。园中建筑和经典树种往往居内。形同腹地的草坪上，除却形态各异的树木，并无太多灌木等点缀，从而为市民提供了较为宽阔的绿色休闲空间。在中山尚未建有儿童公园之时，名树园成为许多家长与幼龄孩童共享天伦的亲子乐园。在障碍物较少的草坪上，在浓密的树荫下，在宁静的园道上，孩子们或撒欢奔跑，洒落童声笑语，或是聚集在公园

△ 名树园成为许多家长与幼龄孩童共享天伦的亲子乐园 夏升权 余彬灵／摄

小店附近捞金鱼、喂鸽子、吹泡泡。过千棵树木聚集于此，形同一座小森林。在公园入口处和假山旁，总有罗汉松招手相迎，它或许是最为大众所熟知的名树。眼尖者还会发现"被神话"的土沉香、黄花梨和有"活化石"之称的树桫椤。然而，倘若以此推断名树园内皆为名贵树种，其实有所偏颇。工程师吴颖解释道，园内的每一棵树的出现都集合了市园林处、林业局等多个部门的意见，从观赏价值、存活率、升值空间等综合考量。"其实，我们对树种的选择并不在于它的价格有多贵，而更看重树形姿态。"每当入夜，投影射灯为树冠勾勒出金色的滚边，亭亭华盖的大树愈发凸显出雍容华贵的本色。

园内腹地种植有多棵糖胶树。它们的干枝扭曲成奇姿古态，望之俨然，让我不由联想起《园圃之乐》中黑塞对一株侏儒柏的拟人描写。相比身边树干光滑笔挺、意气风发的大树，这些意态古拙的糖胶树却显得内敛沉稳，睿智苍劲。岁月在

△ 对节白蜡 廖薇／摄

△ 樟树 廖薇／摄

△ 红枣 廖薇／摄

△ 糖胶树　叶劲翀／摄

树身上留下的皱纹最终凝结成它们最耐人寻味的魅力。

由兴中道入口往右转，是条令人心醉的小道，游人可随四季流转邂逅绿波中荡漾的明艳与馥郁。鱼木和荷花玉兰的白花清丽脱俗；希茉莉和红千层的色彩张扬热烈；枫香虽非以花取胜，却在瑟瑟寒风中将自己燃烧成一团温暖的火焰。

我曾与中山技师学院的何婷老师一同游园。她毕业于园林设计专业，在她的眼中"名树园"仍是以中山乡土树种为主，像龙眼、木棉、小叶榕、杧果、人面子、樟树等。也有原产自海外的树种，如酸豆树、旅人蕉、糖胶树、腊肠树、落羽杉等，但在它们的背后我们皆能寻见中山华侨的足迹。令她惊叹的是，园内随处可见胸径宽大的大树，甚至连博爱路旁一丛视为地上盆景的细叶紫薇，也罕见得如碗口般粗壮。其中最为霸气的要数西北角小坡上的人面子树，需有四人才能将它合围。

大树是在人们进入梦乡的时候行至此地的。吴颖透露，由于名树园四周皆是城市主干道，为了减少扰民，运输巨树的工人多是趁夜作业。大树能在异地存活离不开园林工人的精心伺候。与那些因旧城改造而迁移至此的大树对视时，我好奇它们是否也有自己的乡愁，那些与其在异地重逢的老街坊是否还记得它们本来的模样？"小园香径独徘徊"的游人，难免产生"无可奈何花落去，似曾相识燕归来"的兴叹。

品读岭南园林古典风

　　虽然也曾游览过一些广东其他的园林，但在我心目中，中国园林仍是苏州园林的模样。在认识名树园的过程中，促使我萌生了对岭南园林的关注。

　　被建筑大师贝聿铭称为"一代园林艺术宗师"的陈从周在《品园》中称，中国园林妙在含蓄。"中国园林能在世界上独树一帜者，实以诗文造园也。"可是，在岭南古典园林中，士大夫精神与蕴藉的书卷气却并不明显，更似南方人的性格——开朗简洁、灵活多变、讲求实用。这或许是一方水土一方人吧。园景也是造园者心境的折射。

　　岭南园林主要根植于民间，民宅的围合空间大多偏小，但常设较大体量的亭榭，作为

　　▷　名树园内的水榭空间宽敞。水榭紧贴水而建，犹如浮于水上　叶劲翀／摄

△ 雾化设备营造"飘渺仙境"，树木、假山在仙雾中若隐若现，给人无边遐想 李国林/摄

园林的主要活动空间之一。名树园内的水榭空间宽敞。水榭紧贴水而建，犹如浮于水上。炎炎夏日，凉风拂过水面，水中树影婆娑，偶有落叶缤纷。人在其中，颇有"梨花院落溶溶月，柳絮池塘淡淡风"的情调。

园内建筑绿瓦红墙，色彩绚丽。建筑为数不多，装饰不算繁复，淡而有味，颇有居家的亲切感。经吴颖介绍后才得知，它们吸取了翠亨的中山纪念中学的建筑色彩。她透露，在复原岭南古典园林建筑过程中，工作人员遇到不少技术难点。在形制上，他们特意去广州拜访业界前辈，咨询专家意见。在施工中，他们发现许多传统工艺亦面临失传。在我看来，岭南古典园林的继承与发扬需要一个个新兴项目来推动，名树园获得"岭南特色园林设计奖"正是对此的肯定。

水景是岭南园林不可或缺的元素，也是名树园设计的神来一笔。一泓清流顺应"西北高、东南低"的地势向东蜿蜒，穿林而过，流经假山，泻向水池，形成一道小型瀑布。溪流中，锦鲤相互簇拥，形成斑斓的彩带。

　　水流的清澈皆因它能在园内自行循环。其中的机关就藏在岸边的木栈道下。而在园林灌溉系统中，亦有奇妙的可伸缩水管。吴颖透露，最初设计并没安排如此多的鲤鱼，只是刚好设计有喷灌系统，再加上池塘深度多在 0.6 米，考虑到蓄水量和安全性的可行性，增加了观赏鱼群的效果。雾化设备营造"飘渺仙境"，树木、假山在仙雾中若隐若现，给人无边遐想。此类雾喷早在岐江公园中也有所应用，但是在名树园中大放异彩。

　　△　名树园内的盆景园由一座仿古建筑发展而来，游人仿佛进入一个不被打扰的私密空间　吴可量／摄

树下植石浑然天成，也是名树园的亮点之一。在修建古神公路过程中，人们从地下挖出上百吨原始山石，其中的形态优美者最终在此安家。"石头的摆放都是我们临时产生的灵感，之前并未刻意规划，只是一边施工一边设计，找出最佳角度。"吴颖透露。"废物利用"的环保思维还体现在园道上。从民间搜集来的石板以及紫马岭公园北门改造时余下的旧石板砖组成了园内古朴自然的石板路，细心者还能在一些石板上发现依稀的文字。

名树园内还有"园中园"——盆景园。陈从周在《品园》中称赞小园之妙："园之佳者如诗之绝句，词之小令，皆以少胜多，有不尽之意，寥寥几句，弦外之音犹绕梁间。""园林空间越分隔，感到越大，越有变化，以有限面积，造无限空间，因此大园包小园，即基此理。""盆景之妙亦在于以小见大。"吴颖介绍，盆景园的诞生亦是在后期设计中不断探索出来的灵感。这座小庭院由一座仿古建筑发展而来。穿过狭长廊道，游人仿佛进入一个不被打扰的私密空间，由大景转入小景，步入另一方天地。

吴颖说："游名树园，感觉如在阅读一本书，一处景致往往可以让你浮想联翩。一般的城市公园更为注重通达性与功能性，而名树园的设计更多在于意境营造。兴中道与孙文公园的景观设计犹如一篇议论文，其名称本身即内含历史意义。名树园则如一则散文、一首小诗、一幅图画。"

△ 某年冬至，名树园内的枫叶吸引了不少市民前往观赏 缪晓剑／摄

名树园设计围绕具有中山特色的名树名木，辅以岭南古典园林设计手法，通过假山跌水、亭廊、小桥流水、微地形、雾喷等景观元素。该园可划分名树名木区和观景休闲区两大部分组成，名树名木区内展示中山乡土名树风采。种植的树木品种包括罗汉松、龙眼、山松、木棉、小叶榕、荔枝等；观景休闲区包括溪流、亭、茶室、休息廊、雾喷等休闲观赏元素，主要为游人提供休息、品茗以及观赏的场所。建筑的主要形式为仿岭南古典园林建筑式。游人可在园内的木栈道上观鱼、在水榭中乘凉、在四角亭内休息、在长廊里拍照。

园内"雾喷"全天可达 3 小时，早中晚各一小时。据称水雾仙境最美的时刻在下午 5 点钟左右，夕阳斜照之时。

园内中心有一座重达 20 多吨的黄腊石堆成的假山，犹如浑然天成，体现了高水准的叠石技法。配以松、榕，展现山之险峻。

静候白色花海的季节

田心森林公园

　　田心森林公园，位于"中山最美观光公路"之称的翠山路旁，离孙中山故居仅有七公里的路程。

　　早在公园规划之初，它已形成"山田之心，绿色之源"的清丽面容。身处五桂山的怀抱，坐拥田心水库的幽深，这一片青山绿水已初步建成中山第一座以"科普教育"和"森林休闲"为主题的森林公园，为实现森林资源的可持续发展和区域经济的协调发展做出示范，成为人们"生态休闲游憩的乐园"。2015年10月1日田心森林公园初步建成并对外开放后，前来游玩的人络绎不绝，幸得远离市区，它得以恬静依旧。来这里的游客，也无不为它的原生态所醉倒。

　　湖水染翠，山岚设色，大自然在此显示了它令人惊叹的

△　田心森林公园位于中山市翠山路旁，离孙中山故居仅有七公里的路程　廖薇／摄

艺术才华，绿色并不是森林唯一的色彩。山上的植物则比人类更敏感地捕捉到阳光和气温的变化。随着四季流转，山林更替着丰富的表情，让我们的每一次到访都能收获惊喜。清明时节，一片白色花海的蔓延正在它的深处酝酿。

▲▲ 四月花海，正是千年桐盛放的季节

认识田心，是从园道两旁的白色花树开始。

那是早春的一个晴朗周末，步入园道不久，但觉一阵清香扑面袭来，我们眼前一亮：道路两旁满树洁白的花儿正尽情舒展着柔美的花瓣，枝条修长，叶子椭圆，花型典雅，微风吹过时，花儿轻轻摇曳，如同翩翩的小鸟。"那是深山含笑。"第二次走访公园时，林业专家小新揭晓了它的芳名，这是四季常绿的大乔木，为中国所特有。

田心森林公园观赏树木花期大多集中在3月至5月间，且以盛开白色花卉为主。除了深山含笑，还有荷木、山苍子等，最为壮观的花海将在千年桐盛开的四月涌现。届时，登山者可从不同角度邂逅那漫山遍野的雪白。

一如油桐花的花语"情窦初开"，千年桐如怀春少女，天生一副我见犹怜的娇羞。花朵白色中透出一点红，犹如少女光洁如玉的脸庞上泛起的淡淡红晕。

千年桐是雌雄异株的植物，一朵花里只有雄蕊或雌蕊。

仔细观察过千年桐花的朋友会留意到一种现象——在同一棵千年桐的雄花中，雄蕊会有红色和黄色两种颜色。事实上千年桐的雄花刚开放的时候，雄蕊是黄色的，当访花昆虫采集过这朵小花的花粉以后，千年桐会自行将雄蕊颜色变成红色，由于访花昆虫对红色不敏感，在一堆同时有红色与黄色雄蕊的花群里，昆虫只会访问有黄色雄蕊的花，而不访问已经采过粉的红色雄蕊，以免其重复劳动。这让我感到，千年桐真是体贴入微。

落英缤纷的时刻，犹如漫天飞雪。千年桐又名广东油桐，野生的油桐树多生在溪涧旁边。落花有意流水无情。当花瓣落入山涧，一场漂浮不定的冒险由此展开。花瓣随波逐流，

△　每年4月，是千年桐盛开的季节，此时枝头上仿佛堆满了层层雪花　孙俊军／摄

△ 飘落的朵朵白花，吸引着昆虫取食花蜜　孙俊军／摄

紧跟随着小溪的步伐，渴望一同奔向不知名的远方。可惜有时偏偏遇见命运的嘲弄，身不由己地，最终被遗落在自由追逐者的身后。

我的同事冷启迪在书写城中花事时曾提到，客家人自古就有种植油桐的传统，所谓"家种千棵桐，子孙不受穷"。台湾学者、作家刘兆玄曾写过一首诗《咏油桐花》："阳春四月过客家，疑有千鹭栖枝杪。振衣长啸惊不去，原是满山油桐花。"

据冷启迪称，三百年前，已有客家人在中山五桂山区种下大片油桐林。油桐是重要的经济作物，其栽培历史至少可追溯至千年以前。人们可从油桐籽中提炼桐油，用以点灯，也可用作杀虫剂、治疗外科炎症。桐油还具有良好的防水性，广泛用于建筑，油漆、印刷（油墨）、农用机械、电子工业等方面。桐油也在"海上丝绸之路"中扮演着重要角色。早在明代，澳门的葡萄牙人便把桐油输往欧洲。抗战之前，中国是世界上唯一生产并出口桐油的国家，桐油一度超越了丝绸、瓷器、茶叶，成为最大宗的出口物资。

▲▲ 棕榈小道曾为电视剧《辛亥革命》取景地

这座森林覆盖率达 80% 的大氧吧究竟种植了多少种花草树木？就连看着它逐渐长大的工作人员也难以说清楚。一路上，小新带着我们认识了黄金间碧竹、粉单竹、铁刀木、粉花三扁豆等，已是目不暇接，新近还种植了樱花、宫粉紫荆，公园今后还会逐渐完善植物的科普信息，给相应的树种挂上名片，让公众得悉花期，不错过与它们邂逅的最美时刻。

△ 草丛中探头探脑的小白花是泽珍珠菜，可药用消肿　缪晓剑／摄

△ 青翠的竹林 缪晓剑／摄

△ 雨中的红花风铃木颇具韵味　缪晓剑／摄

　　少女般的清纯微笑只是田心森林公园的春天表情。夏天，湿生植物区内的中山莲、香山莲、孙文莲、逸仙莲和中山红台莲，以及山上的大叶紫薇等花树次第开放，迎着骄阳嫣然一笑；深秋季节，即便秋风萧瑟，却因黄槐树和三角枫的暖意融融冲淡了不少伤感；即便冬天，南方的森林也不会荒芜，铁冬青绿依旧，还坠着累累红果，洋溢着成熟的喜悦。

　　也有的花木，一年四季各有所妙，比如因品种的不同，而呈现有黄色、红色、紫色花朵的风铃木。这种花树因漏斗形的花冠呈风铃状而得名。春天里，它们枝叶疏朗，花开绰约；夏天时果荚累累；到了秋天仍是绿意盎然；哪怕冬天枯败凋零了，也是我见犹怜的神态。

有的树即便无花，其优美的叶形也足以赏心悦目，走进环山路往西而下的那一段林下小路，两旁的散尾葵线条优雅，摇曳着热带风情。雨过天晴时，清亮的水泥地映照出树影的婆娑，让散步者心旷神怡。

据小新介绍，这段小路景观来之不易。在规划设计时期，由于该路段宽度不足，可能需要移掉两旁的棕榈科植物加以拓宽，考虑到美景难得，现场管理人员经过实地认真测量和考虑后，在不影响道路安全的前提下取消了道路的水沟，此地的风景才得以最终保存，后来还成为电视剧《辛亥革命》的取景地。

△ 环山路往西而下的这段林下小路曾为电视剧《辛亥革命》的取景地，两旁的散尾葵摇曳着热带风情　缪晓剑／摄

▲ 雨中登山，邂逅五桂山主峰轻纱裹身

当整个世界都笼罩在迷蒙雨雾中时，再次走访田心森林公园又是别有一番情调。

这次，我们坐着向导小新的车沿着蜿蜒园道上山，途中他给我们介绍着公园的规划。当车子抵达环山路的半山腰处时，小新忽然指向远方。"那里便是五桂山主峰。"眼前视野开阔，只可惜淅沥小雨为主峰蒙上了一层神秘面纱，不如晴天时轮廓分明，不过也油生出几分蕴藉。由高处鸟瞰森林深处，才发现眼前的"田心之绿"也有层次变化。后景的湿地松和桉树叶色较为深沉，前面的枫香则鲜黄嫩绿。

▽ 沿着环山路走到半山腰，我们与五桂山主峰遥相拱揖，由高处鸟瞰森林深处，发现眼前的"田心之绿"也有层次变化 赵学民／摄

小新透露，这一带过去生长着杉树、松树等经济林，林相单一，经过生态景观林的改造后色彩才逐渐丰富。"对于风景缺乏的地方，我们会依据生态学、美学等原理，进行森林景观营造，适当建设一些人工的建筑物或构筑物进行点景。森林景观营造多考虑森林群落的总体形态美，做到错落有致，色彩协调。"

然而，这样的变化是缓慢的，一草一木的生长都离不开护林者的精心呵护。因为幼苗脆弱敏感，今年的寒潮便使山上的红花玉蕊冻伤了不少。一些小幼苗尚未成型，看上去平淡无奇，其实正在春风雨露中默默积蓄着生命的爆发力。回程经过办公区时，小新便告知两排矮小光秃的树苗其实为蓝花楹。这名字让我不由想起十年前在澳大利亚邂逅的美丽身影：一团紫色云雾笼罩着高大的树冠，深邃，明艳，如童话般梦幻。

▲ 山林合唱，也需每个游客的参与

大自然给予人们如此珍贵的馈赠，它的美丽，也需要每一个游客的悉心维护。正如美国城市规划专家亚历山大·加文所言："公园是发展中的艺术品。"我们目光所及的美景是与几代人交互作用的产物。

小新介绍，森林公园的开发以保护为前提，保护与开发相结合。在三年多的开发建设过程中，工作人员总是小心翼

△ 公园的修建，尽量保持着原始的风貌，
避免破坏自然山体和已有植被 赵学民／摄

翼地庇护着森林的生态环境、良好的现有植被、野生动物、水文和地形地貌等森林风景资源，避免破坏自然山体，污染现有水源，做到集约化经营开发旅游资源，确保环境的生态安全。须知，公园的西部生态保育区内坐落着作为中山饮用水源的田心水库，关系着市民的身体健康。如今田心成为公园向大众开放，也将它的恬淡清新交与游人手中。

有心的游客会发现，田心森林公园对新建工程十分克制。人工建筑物、构筑物以低层为主，其位置、体量、形式、色彩因地制宜，既具时代气息，也与整体环境协调，比如登山路径以青色的文化石铺就，主要环山路的宽度限制在3.5米，沿途的景观规划上也结合了公园自身植被的南亚热带特色。应市民休息和安全的需求，公园管理者表示未来将增加观景台、卫生间、坐凳、垃圾桶、指示牌以及安防监控和应急广播等设施，但始终不忘"尽量减少人工痕迹"。

　　每一次登山，山涧里潺潺而下的流水声既是序曲，也是尾声。"若夫日出而林霏开，云归而岩穴暝，晦明变化者，山间之朝暮也。野芳发而幽香，佳木秀而繁阴，风霜高洁，水落而石出者，山间之四时也。朝而往，暮而归，四时之景不同，而乐亦无穷也。"少年时代学过欧阳修的《醉翁亭记》，在这里立体呈现。大自然的各色生命，以其各自独特的声音，汇成合唱，悠然回荡。

△　人们在林间漫步，感受这大自然的气息　赵学民／摄

△　山涧潺潺而下的流水，点缀着寂静的山谷　孙俊军／摄

△　青色文化石铺就的登山路径　吴飞雄／摄

游园指南

　　占地3400多亩的田心森林公园原属丘陵地带，地势大致呈东北高西南低，因平地少，山地多，成为登山健身的好去处。如今园内划分了四大功能区：中部植物科普游赏区、东部登山健身区、西部生态保育区以及公园管理区。脚力强健的游客可选择东部登山健身区，在5公里长的登山小路拾级而上，直接抵达海拔383.7米的公园最高峰——灯心塘顶。喜欢慢跑或散步的人们可选择中部植物科普游赏区，这里是公园的心脏，沿着贯穿其中的环山园道，还可一一拜访荷花满塘的湿生植物区，认识各色草药的百草园，以及占地约200亩的沉香园，未来还将建成杜鹃园和姜园，在各色乡土植物中领略岭南风情，体会古香山风韵。

禅音环绕　参天古树

蒂峰山森林公园

　　《中国庭园记》是民国学者叶广度撰写的我国第一本系统介绍中国庭园美学的专著，其中提到："风景林之保存，多赖于寺观。我们一入大丛林中，便觉意境清幽，超然于尘俗之外。"

　　位于南朗镇大车村旁的蒂峰山森林公园便给予我们如此印象。它由原蒂峰公园发展得来，其悠远的历史宗教文化可以追溯至大车村建村之前。在那沧海桑田的往事里，若隐若

现着石仔庙的神奇传说、名士林谦隐居的草堂精舍以及古木参天的绿影婆娑。

"层林尽染"和"禅音环山"是蒂峰山森林公园的两大主题，它将以"历史宗教"和"森林休闲"为发展定位，以生态环境保护为主，以自然森林、地形地貌等自然特征为载体，突出丰富的自然景观和原有的历史沉淀，营造一片自然与人文相互偎依的休闲风景。

▽　"层林尽染"和"禅音环山"是蒂峰山森林公园的两大主题　缪晓剑／摄

▲▲ 登山小径旁古树参天

从南朗镇大车村的西北处上山，抬头便可见绿影婆娑之中掩映着碧瓦红墙的寺庙，叫人不由心生好奇。

沿着弯曲的石阶而上，但见两旁古木参天，顿觉此地意境清幽，超然脱俗，心中油生出"入山唯恐不深，入林唯恐不密"之感。许多树身上挂着明亮的铭牌，记录着树木的种类、栽种的时间和栽种者名字，由此可见几代人对这片密林的悉心呵护。一些树木已是百岁老人，被列入中山的古树名木名录，粗糙的树皮刻着深深的皱纹，但那身姿依然苍翠挺拔，令人肃然起敬；也有的栽种于民国时期，如今也是长势惊人，比如数棵1934年植树节种下的万年荫树，在平台上拔地而起，虬枝峥嵘，遮天蔽日。正是《古诗十九首》中"庭中有奇树，绿叶发华滋"的真实写照。

△ 枯叶丛中生出新绿 缪晓剑／摄

▷ 山中高大的树木遮天蔽日 缪晓剑／摄

　　脚下的登山石阶呈新旧交叉之状，可见在路尚未建成之前，此地已成风景。

　　环绕林乡贤公家庙前的白兰花、荔枝树、石栗、细叶榕、高山榕等多株古树，皆出自林谦和其"八子吟社"之手，栽种于 1851 年。林谦生于清乾隆末年，从河北卸任知县后，他回到家乡，创办云衢书院、主讲丰山书院、设立义仓、筹建榄边墟、设立慈善医疗机构"四都普惠善堂"、组织乡民守望相助，对抗土匪的滋扰等，是当地著名的"乡贤"。年轻时他联合当地知名人士组成了"八子吟社"，建立"廉让山房"，吟诗作对之余也热心参与当地教育和公益事业。自那时起，因为林谦等人经常在此山雅集，这片山林也在众多文人墨客的渲染和推动下成为一片风景名胜。不过，那时它名为堆坑山，因山上有块山石似石碓而得名。

△ 1936年，在中山县县长杨子毅的指令下，"八子吟社"和"廉让山房"重修为林乡贤公家庙　缪晓剑／摄

▽　林乡贤公家庙屋顶上精美的装饰　缪晓剑／摄

△ 山中庙宇的香火很旺，常年都有市民来此拜祭　缪晓剑／摄

　　1936年，在中山县县长杨子毅的指令下，"八子吟社"和"廉让山房"重修为林乡贤公家庙，修缮了原有的石仔庙，还增加了石凳、亭台，新种的花草树木使得山色更为葱茏，此地从而改名为蒂峰公园。

　　在林乡贤公家庙的内柱上，留有民国政界名人兼著名书法家于右任的手迹："洁清静穆之地，齐肃恪恭其容。"

今天，除了林乡贤公家庙，丛林深处，还见匡庐草堂、协天宫、袁大仙庙、山神门官土地庙、黄大仙祠、文华宝殿、元君庙、观景台等建筑徐徐呈现。一座乡野山林的背后，竟隐藏着如此规模庞大的宗教建筑庭宇，这对初来乍到的游客而言，真是不小的震撼。

丰富的人文资源也正是蒂峰山森林公园的独特之处。同行的绿委办工作人员介绍，蒂峰山森林公园的未来是在前期蒂峰公园的基础上加以规划和建设，除了蓊郁山林之景，此地浓郁的人文风景也将得到完善。

△ 规模庞大的宗教建筑庭宇　缪晓剑／摄

石仔庙里的神奇传说

这次到访，我们遇到大车村村民林薰，他在退休之后便回到家乡，加入大车村老人协会对公园的日常维护中。他告诉我们，清代的《香山县志》便已记录下这片风景："碓坑在县东三十五里，有石砻石碓，是有碓坑之目。东南坡有土神，名石仔。庙左有深坑，名卖鱼林。丛树幽寂，山水之趣，尤深人情。"而那口藏于树荫之下的"活泉"，也是一道清代古迹。

记者事后翻阅史料发现，《中山文物志》亦对"石仔庙"和"活泉"有所收录。今人已无从知晓那古老的石仔庙始建于何年，关于它的记载最早见于清道光七年（1827）的《香山县志》，又名匡庐古庙。

对于这座古庙的由来，林薰听村中长者林启汉讲述，根据大车村林氏族谱的记载，北宋时，蒂峰山下原是一片汪洋，山下的丰埠湖边已有古树参天。卖鱼林实际是当年渔民贩卖鱼虾的一处自由集市。相传，有位名叫袁匡庐的书生，从东莞乘船赴考路经此地，不幸台风暴雨摧毁了船只，进退不得的他只好就地落脚，用石头和茅草在山上搭建了简陋的草堂，自名"匡庐草堂"，平时一边修行，一边为渔民治病。他终老后，渔民感念他的仁心仁术，便在其墓上以石头垒成石仔庙。几百年后，堆坑附近已建有大车村。偶有失牛的牧童来庙中问卜，总能寻回失牛。匡庐显灵的传说令人浮想联翩。

几经沧海，岁月漫长，昔日朴素简陋的小庙几经重修，如今发展成庄严妙相的庙宇群，优美的天然景观也得以延续至今。今天所见的仿唐式风格的雄伟大殿和高耸的牌楼等新建建筑是肖耀坤等香港同胞的集资筹建，散布山间的五座小亭等设施则是林润新等乡亲捐建。

走近大殿，但见香火萦绕，落魄书生袁匡庐已化身为端坐神坛的袁大仙。有祈祷者跪拜其下，也有求签者向庙烛公问卜，凝神聆听着以方言解说的签语。

诚然，问题的解决还需在现实中寻找答案，但信仰至少可清明心底的彷徨。心存期待的人们，也多不舍这山野灵气随风而去。一度毁于战火与动乱中的古迹和林木最终得以逐渐恢复，荫庇后人，也全赖这份眷恋。

△ 废旧的香炉中长出了嫩绿的植物　缪晓剑／摄

山林掩映中的文人心事

"欲知碓坑今古事，请上蒂岭润新亭。"走过镶着对联的月门，便是登山健身区，曲折蜿蜒的小路引领我们走向山顶的润新亭。

登山健身区内，森林的气息更加浓郁。在马占相思、大叶相思、樟树、荷木等乡土阔叶树丛中零星分布有马尾松、湿地松和桉树，其余的空隙则被灌木丛与各色杂草所覆盖。近年来，公园内又大面积种植了枫香、山乌、山杜英、土蜜树、海南蒲桃、铁冬青、尖叶杜英等可随季节变化而呈现不同叶色的树种，营造出红绿相衬、层林尽染，分外妖娆的四季多彩的景象。白兰、黄樟、土沉香、含笑、柠檬桉和柏木等散发出特殊的芳香，令人心旷神怡。阳光透过枝丫，洒落青苔之上，抛出一地碎影，那是石缝间迸出的清冽山泉。低头行走时，忽见登山径上也是满地叶纹，那应该是水泥铺路尚未干透时落叶无心印下的吻痕。枯叶堆里，探出一枝新绿，张开稚嫩的小手，正欲拥抱世界。

△　"欲知碓坑今古事，请上蒂岭润新亭"，登山路入口
处大门上的对联暗藏着这座山峰所有的秘密　缪晓剑／摄

△ 洁净的登山径｜缪晓剑／摄

润新亭的亭记称，袁匡庐写有"碓舂珠瀑琴无谱，坑泻濂泉画有声"的诗句，描绘了他当年登顶观堆坑瀑布、石碓石杵的情景。许多景象恐怕物是人非，但今人仍可以从山下林乡贤公家庙所藏的诗词篆刻中得以想象。

山水题词，是中国古人"天人合一"的文化景象，风景的写照映射出心灵的地图。只是不知道，退休还乡的林谦，在这人间芳菲尽的四月尾，是否亦有逝者如斯的喟叹。

翻阅刘居上编注的《香山文存》，笔者看到的是一生清贫、醉心学问的林谦。他的晚年并无多少积蓄。在他的"过俭草堂"里，最值钱的宝贝就是书，他收藏了"经史万余卷及手抄书数百卷"；我仿佛看到一位奋笔疾书的八旬老人，摇曳的烛光映照着一手工整的楷书。书房内，"凡前言往行，时事得失，条记满墙壁间"，形象跃然纸上。我还看见一个以身作则、循循善诱的父亲，他常常告诫自己的儿子："公事不易为，尔毋轻与。"

清咸丰四年（1854），红巾军兵临石岐城下，林谦带领乡团援助清兵守城。此役结束后，与他并肩作战的郑藻如得到两广总督叶名琛的保举，后在洋务和外交事务上被委以重任，林谦依旧留在家乡专心治学。与其说他不舍老屋身后的这片风景，不如说是读书人追求纯、素的人生理想。在他俭朴的草堂中，他读书，静坐，思考，散步山间，聆听风吟。如此禅心，不也正是现代都市人渴望追求的静谧宇宙吗？

△ 山顶的润新亭 缪晓剑／摄

游园指南

蒂峰山公园分为三个片区，登山健身区占了将近一半，宗教文化区和休闲体验区各占两成。登山健身区位于公园的西部，此区为蒂峰山公园的主入口区域，森林氛围浓郁，除了开展登山健身运动，本区还规划了景点节庆广场、运动广场、通幽步道、拥翠长廊、静心亭等，带给游人多元化的体验。

宗教文化区位于公园中部，蒂峰公园入口牌坊便坐落于此。此地已经修建了部分登山阶梯步道和栏杆等设施，公园的最高峰海拔173.5米位于此区，这里丰富的人文景观将进一步得到完善，提升游览品质。

休闲体验区位于公园东部，面积15.23公顷，区内藏有一个天然湖泊。未来游客可通过平台到此游玩，沿着登山道登山休闲，也可走进果林，感受果实累累的喜悦。

绿光深处探奥秘

北台山森林公园

　　车行路上，老远便可望见倚山而建的层层建筑，白墙灰瓦，屋檐飞扬，轻盈畅朗，却不失古典，与公路对面的国家 4A 级景区中山詹园的建筑风格遥相呼应。这座公园不难寻觅。只是，当我第一次身临其下，仰望入口牌坊上的名字时，心里不禁打了两个问号：这里到底是饭庄还是公园？是北台山还是湖州山？

　　从空中鸟瞰，原来此山跨越了两个区域，地处南区的北台村和板芙镇的湖州村的交界，因为目前的公园设施由南区建设管理，自然而然就称它为北台山森林公园了。走进公园里，邂逅湖光山色，唤作湖州山，也恰如其分。

△　北台山中的天池
赵学民／摄

△　北台山下的湖州山庄
赵学民／摄

▲▲ 悬崖峭壁下，有座仿古园林

　　北台山森林公园是中山市首批建成的四个镇级森林公园之一，其他三个分别是板芙镇的金钟山森林公园、黄圃镇的尖峰山森林公园和三角镇的三角山森林公园。镇级森林公园的概念于 2012 年由广东省农业厅提出，指由镇级财政建设管理、面积不小于三十公顷的公园。据向导介绍，整个北台山森林公园占地二千四百亩，森林覆盖率达 96.8%，其中湖州山海拔 328 米，山体连绵叠起，景色壮观奇丽。

△ 冬日暖阳下的飞檐　赵学民／摄

　　午后时分，园内空寂无人，漫步其中，依然可以感受设计师当初的巧思妙想。不同于一般园林的平面展开，这里的斗拱飞檐，顺着山势错落有致。诸多来自民间的古旧材料被再次利用，营造出古朴的空间氛围。茂密的植物蔓延其中，仿佛有着经年累月的沉淀，历史感无处不在。其中最为精致的角落要数一面由一百个不同字体的"寿"字砖雕铺就的影壁，花坛中的巴西野牡丹笑脸盈盈，花瓣的颜色是华贵的紫。最具乡土气息的则要数那些由蚝壳砌成的墙，粗糙中富有层次感。

▷　吊桥晃荡，野趣横生　赵学民／摄

每逢新春佳节，城市里的诸多公园便是人山人海，可有一次偶然经过此地，惊喜地发现它依旧幽静怡人，只闻鸟语花香。最热闹的一处，也只是玻璃花架下开得正艳的炮仗花，一串串金黄色的花朵，噼里啪啦地炸开一片恭贺新春的火花，只为我们开放。

　　在仿古建筑群的深处，沉睡着一个碧玉般的池塘。点点睡莲下，水光潋滟，鱼儿游动，我的脑海中忽然浮现了第一次到此地游玩时的一桩趣事。那天，同行中有人特备了钓具，打算尝试姜太公钓鱼，可惜一个晌午过去仍一无所获。倒是在水榭中闲聊、围观的我们，面对池塘背后那面怪石嶙峋的悬崖，在深浅不一的纹路和岩色中解读出一部活灵活现的《西游记》。

△ 登山径上，踽踽独行　赵学民／摄

由山脚的建筑群向山顶出发，登山径上是不一样的风景。

最初的一段路，延续了之前的拙朴古意。九曲十八弯的道路两旁修建着木栏扶手，有些已呈风化痕迹，败给了时光，但与野生植物相互偎依，又萌发出生机无限的遐想。

扶手交错的粗线条富有节奏感地向上延伸着，其间穿插着几个小巧的凉亭，灰瓦黑柱，古朴素雅。一路上，走走停停，两旁的植物触手可及，行人完全包裹于扑面而来的馥郁芬芳中。倘若遇见晴天，叶子反射出油亮的光芒，映衬着天光云影，那是多么令人醉心的绿光芒。

盛夏的阳光似乎过于猛烈，登山者汗流浃背，眼前除却枯叶的灰黄，便是浓重的鲜绿。倒不如冬季暖阳下那般惬意。想起2014年大年初一的早上来此登山，一行人虽止步于凉亭，却也收获了一路的美景。变叶木色彩斑斓，荷木的白花清新淡雅，甚至一向简素的马尾松也在此时绽放出雌球花，宛如一簇簇小玉米棒，很是有趣。没想到，在那春寒料峭的季节里，这里的植物色彩反而最为丰富。

△　松树　赵学民／摄

　　有木栏杆扶手的小路是个精致的序曲。过了悬挂"香山草木谷"长匾的牌坊，登山道的风格便简洁多了。不知不觉中，我们便行至一个岔路口上，右边行走 1000 米，可以回到山下的停车场。左边 1100 米则将通向山顶，这是一条新修的水泥路，可惜到了山顶便戛然而止，因为通往板芙湖州山村的山脊已不属南区管辖，可板芙镇又尚未有合作开发此公园的行动。也有一些大胆的登山者不想原路返回，沿着西南山脊摸索而下，可是山势陡峭，这始终不是值得提倡的做法。不过，当地林业部门的向导告诉记者，平时来北台登山游玩，倒是有不少板芙镇的居民。在游客心中，风景乃是无界的。

登山锻炼身体，也是心灵的修行

正当我们犹豫应该选择哪一条路登山时，一只蝴蝶翩翩而至，一直逗弄着摄影师的镜头。听从它的召唤，我们便向前往山顶的那条新路走去。

走着走着，脚下的路忽然陡峭起来，我们攀得气喘吁吁，不时需要停歇。根据介绍，湖州山内拥有大面积山地景观、湖水景观和丰富的动植物资源，登山道上散布有超过 20 个景点。可在这条漫漫长路上，平时懒于锻炼、双脚开始发抖的我只顾盯着脚下的石阶了。突然，半山腰出现一处宽敞的"眺望台"，我们如获大赦。坐在巨大的石头上，回望之前抛至身后的远方，

但见工厂、农田、乡村连作一片，勾勒出侨乡北台的今日风范。滚滚车轮在山下的公路上飞驰而过，那声音传到山上的人耳边，却如潮起潮落。

来自南区林业站的向导告诉我们，这条登山径的修建有着鲜为人知的艰辛历程。我们脚下的每一条石阶都有三百斤左右的重量，需要四人合力抬上山顶，由上往下铺建。两旁的树木以相思、荷木为主。向导对那一路茂密生长的荷木尤为推崇。他说，这种树不仅生长速度快，还有耐火、抗火、难燃的特性，适合森林防火。入秋后，它的老叶将转为艳丽的红色，与其他绿叶相衬，甚是可爱。

△ 蜿蜒而上的登山径　赵学民／摄

山顶的风景其实乏善可陈，但仍有不少登山者愿意前往。当日与我们同行的便有一支近百人的队伍，其中还有小孩，且毅力惊人。组织者陈小姐告诉笔者，他们是中国人寿的员工，公司每周都会组织登山活动，几乎每个月都会到访北台山森林公园。"一路行走、拍照、聊天，倒不觉得有多么累。爬山不仅可以减肥，还能锻炼意志力。不过，如果山顶上能建一个小亭，供人休息片刻，那就更好了。"

就像萨默赛特·毛姆所言那般："任何一把剃刀都自有

▽ 游人在半山腰上眺望远方 赵学民／摄

其哲学。"喜欢跑步的作家村上春树曾在他那本《当我谈跑步时，我谈些什么》中畅谈了他所领悟的跑步哲学。他总结道，在马拉松比赛中，"好累人"是无法避免的事实，然而是不是果真"不行"，还得听凭本人裁量。这就是所谓的"痛楚难以避免，而磨难可以选择"。

　　登山径上的不放弃，何尝不是一种心灵的修行？此时此刻，漫漫山径上，最美的风景，是人。

游园指南

　　北台山森林公园的入口就在詹园景区的对面。精力旺盛和喜欢锻炼的人，可由此一路攀登，直至岔路口上，右边行走1000米，可以回到山下的停车场。左边1100米则将通向山顶，但因山路另一端属于板芙镇，尚未修缮，只能原路返回。如果纯粹只为拍照留影，从山脚一带的仿古建筑群沿着登山路行至半山腰观景，也足以满足到此一游。

云梯山森林公园

高负离子的森林浴场

云梯山森林公园是距离南朗镇中心镇区最近的生态休闲场所。早在多年以前便听当地朋友推荐过，据说它是当地人登高健身、休闲览胜的老地方。可是，第一次到访云梯山时，我和同伴却在山下打起了退堂鼓。但见一条笔直陡峭的山径隐于林深不知处。公园简介称，登山径总长达八公里，"云梯"似乎高不可攀，这让当时刚从蒂峰山森林公园下来、双脚正是发酸的我们望而生畏。

再次走访云梯山时，仍是从合水口里村的公园西门出发。真正登上"云梯"，才发觉此地风景出乎意料的清幽可人、旖旎多姿。这里拥有高负离子含量的清新空气，是座天然的森林浴场。

▽　云梯山的黄花风铃木花海吸引了大量市民前往观赏　缪晓剑／摄

空山不见人，日照青苔上

整座云梯山森林公园的面积比我们想象中要大。由于一些规划中的基础设施仍在不断完善中，分叉路上尚无方向标识，在空寂无人的登山径上行走，头一回来游玩的我颇有一些茫然。幸得南朗林业站的两位"地胆"——保安小许和护林员强哥做向导，并向我们介绍一路的自然风光，说笑间便忘了疲惫与寂寞。整个上午时间有限，我们只选取了宝鸭池、玲玉林、阮玲玉亭、许仙姑庙等景点重点游览，老鹰石山和南部的马了螂水库只好留待下回分解了。

云梯山森林公园本属五桂山山脉向东延伸的尾巴，于2007年正式批准成为市级森林公园。园内最高峰为立于中心、海拔268.3米的云梯山，次主峰则为公园西部的老鹰石。老鹰石是否形如老鹰？此行不得而知，但行经二十多分钟，我们便在半山脚处遇见不少巨大的怪石，棕灰色的外表，有着如刀劈斧削一般的平整边缘，亦如一颗颗放大的黑松露巧克力，在茵茵芒草的衬托下，随时可以入画，让人不由惊叹大自然的鬼斧神工。一处转角处，有块离地约3米、宽约3.5米的大石上刻着"云梯"二字，字长70厘米、宽65厘米，据说这摩崖石刻始于明代，但不知是哪位文人墨客留下的笔迹，只见笔触散淡飘逸。

山径上万籁俱静，偶有阳光在枝繁叶茂间闪烁。一阵微风拂过时，吹下些许蓝花楹的碎叶。脚下的登山径由灰砖铺就，

▽ 登山径由灰砖铺就，草木葳蕤之处，青苔在湿润空气的催生下长势喜人 廖薇／摄

△ 半山脚处有不少巨大的怪石，棕灰色的外表，有着如刀劈斧削一般的平整边缘，亦如一颗颗放大的黑松露巧克力 廖薇／摄

据说已有十年之久。草木葳蕤之处，青苔在湿润空气的催生下长势喜人，由山路两旁蔓延至山径，不仅砖缝里萌生出点点绿意，就连砖面上也濡染了一层淡绿。此情此景，叫人不由念想起唐代诗人王维的诗句："空山不见人，但闻人语响。返景入深林，复照青苔上。"

△ 在南朗云梯山顶远眺，位于珠江出海口西岸的横门滩上空的降雨云团在朝阳照耀下往崖口村移动　夏升权／摄

宝鸭池内水草丰美

令人惊奇的是，几经蜿蜒，越往上走，山路的地势却愈发平缓起来。

忽然，潺潺的流水之声由远而近。"不远处就是瀑布啦！"向导强哥笑道，"那可是谈情说爱的好地方。"这当然是一句玩笑，山径并不通往瀑布，我们只能由着目光穿过树梢的缝隙，捕捉到一道若隐若现的白光。

根据史料记载，云梯山俗称火山，是南朗镇五大名山之一。"云梯听涛"本就是古时南朗最有名的三大胜景之一，与双龙戏珠（又称金星门观日）、石狗望月齐名。可惜，因历史原因，古迹现已消逝。不过，我们看到，在云梯山森林公园的规划设计蓝图中，亦有恢复古代名景的设想，在海拔149.3米的山顶处，为游客搭建观景平台。倘若他日成型，倒真是引人入胜。

随着登山径的消逝，一片柔美的湿地展现眼前。但见四周群山环抱，很难想象我们正身处半山腰上。强哥介绍，这里便是瀑布的水源，合里山塘。20世纪60年代，它是可以发电的云梯山水库，如今已被废弃多年。"看到远处那座墓吗？那都是水干以后才修建起来的。"

回头查阅资料，才知这山塘早有来历，古名"宝鸭池"。据古代的《香山县志》记载："云梯山，昔有张、许二道人

△ 凌晨，南朗云梯山顶，两位拍日出的摄影发烧友在等候日出，在晨曦中的剪影显得悠闲自在　夏升权／摄

△　山塘　孙俊军／摄

结庵绝顶，今石扁犹存。高百余丈，广六里；在县东四十五里，极峻之处有石状如鹰，其凹处豁然成湖，广数亩，名宝鸭池，池上为庵场旧址；半岭有'泉庄'二字；石刻下十余丈，有'云梯'二字。"古人如此称道：石刻见金石，岫壑冲深风，林清旷宜乎，云客宅心继响窟岩，往者忘归矣。

此时，水塘内的水生植物蓬勃而丰润地生长着，占据了大部分水面，只剩一条长长的明镜，倒映着天光云影。林荫之下，感觉拂面的清风也浸润着草木的芬芳，深吸一口，神清气爽。

流连忘返，驻足许久，一行人才决意离去。转身一抬头，遇见池边的一株野牡丹花树。花儿们一脸粉红，冲着我们笑得正欢。

▲▲ 沧海桑田古庙新姿

云梯山也算南朗一带的"道教名山"。如今，先人建造的张道人庵早已不复存在，但山上的许仙姑庙依然香火鼎盛。据明代嘉靖版《香山县志》记载："许道人者，泮沙许东斋女也，幼有超尘之志，父母禁之，不可，遂清斋入道。先有魄石和尚创庵云梯山，号张道人庵。至是修而居之，经年独处，常有虎卫其庐，人谓其得道云。"

道家思想本就出世无为，想必当时的云梯山有着清丽脱俗的自然美景，吸引着他们相继前来隐居。不过从张道人庵旧址所在的宝鸭池前往许仙姑庙还要走一段路。向导带着我们越过树下的枯叶，抄了一条捷径。

接下来的登山路犹如一条抛物线。经过又一番攀登后，我们便开始走下坡路。即将抵达许仙姑庙时，脚下的路忽然陡峭起来，呈"之"字形向下延伸，连续转了五个弯，让人不由小心翼翼。强哥一边扶着栏杆，一边对我们说："没有修建栏杆前，这段山路可要手脚并用才能攀下。"

许仙姑庙只是小小的一层建筑，绿瓦灰砖，庙柱上写着"西灵开道果，南宋仰仙风"对联。庙内虽然简陋，却也有壁画点缀，画着仙姑求道的传说和渔舟唱晚的风景。神台上其实安放有三位仙姑的塑像，分别姓许、林、何。保安小许介绍，庙是重修的，每月初一或十五，便有信男善女前来敬香祈福，他们有的来自附近村落，也有一些港澳人士。

△ 登山人不多，石阶的缝隙中长满了青苔　孙俊军／摄

△ 许仙姑庙 廖薇／摄

小庙前的空地也是一座瞭望台。极目远眺，可见今日南朗欣欣向荣的景象，近处山野环抱着迭起的高楼，远处的围垦造田一直延伸至海。夹杂着咸淡水味道的风从伶仃洋上吹来。尘世间沧海桑田，仙姑们慈目凝望。

一缕香魂叹伶仃

我虽并非植物专家，但自走出许仙姑庙后，深入山林的腹地，亦能感觉身边的植物忽然面貌丰富起来。路边的蕨类植物从泥土中探出小手，向人招摇着；山坡上，一丛丛野生姜长势喜人；偶然抬头，又遇见假苹婆树坠着炸开的果实。据了解，云梯山森林公园的森林覆盖率达96.2%，在其总体规划书的常见植物名录中登记有131科565种植物，真如一座天然的植物园。这森林原以马占相思树和桉树为主，伴有零星的果树、湿地松和杉木，以及梅叶冬青、黄牛木三桠苦等灌木。

为提升生物多样性和山林的稳定性和抗逆性，经林业专家对森林景观开展林相改造、规划种入新的乡土树种，才使得现有的湿地松林、相思林、桉树林逐步向针阔混交、阔叶混交林的方向转变，给游客带来更具观赏性的绿色画卷。

多来几次走访，仔细留意身边，你会发现万绿丛中亦有点点红影。森林规划种植了木棉、刺桐、红花紫荆、凤凰木、腊肠树、红花油茶、火力楠、小叶杜英、黎蒴等赏花树种，带来四季花开不断。在公园内视野较好、坡度较缓的林地则配置了枫香、木荷、山杜英、铁冬青等树叶可随季节呈现不同色彩的赏叶树种，再加上红绒球、野杜鹃、大红花等灌木。

△　山里的苹婆果　廖薇／摄

想象金秋时节，红叶植物和红花植物同时绽放她们的青春魅力，满坡落红、层林尽染，多么娇娆的美景。可我近日被告知，受气候限制，这一片红云尚是理想。看来，大自然中的植物生长状况并不能完全被人掌控。

云梯山森林公园还将打通中山纪念中学与云梯山的连接通道，进一步挖掘历史文化资源，继完成"中山林"种植后，通过社会共建、捐建、认管等形式，冠名捐建树木、认养古树，又种植下"皓东林""玲玉林"和"逸仙林"，实现当地名人文化的延续和缅怀，形成云梯山的独特魅力，实现自然、人文与地方特色的多方共融。

阮玲玉亭就修建在以沉香树为主的"玲玉林"旁。由许仙姑庙下来顺路而行，不久便到一个山岔路口，往右再行一段路，便可遇见这座端庄大气的亭子。也许是为挽留我们的脚步，刚走过"玲玉林"，大雨便从天而降，倒也让我有了更多时间仔细端详这座纪念亭来。

它比我们先前在路上遇见的小亭更为宽阔，地面和柱身均为红色花岗岩，亭心地面上还有一幅荷花图。保安小许透露，这些石料均是由驴运上山来。沉甸甸的石料承载着家乡人对阮玲玉的深情缅怀，想起伊人生平，我们不胜唏嘘。她虽贵为中国默片时代的"无冕影后"，一生共主演29部电影，却也人生如戏，饱尝了现实的悲情。

如今，这一缕香魂，可找到了归家的路？山林不语，唯闻雨声淅沥。

游园指南

眺望珠江：整个云梯山森林公园仍在不断投入、完善设施中，包含宝鸭池、玲玉林、阮玲玉亭、许仙姑庙、老鹰石山、马了螂水库等景点。目前外部交通尚不算发达，游客可从合水口里村的公园西门进入。

从公园的规划中得悉，根据专家测试，云梯山森林公园内每立方厘米的空气负离子浓度均在 800 个，其中以水库处最高，达 2500 个；而除却水声、鸟声、蝉鸣和登山道旁的杂音，周围的平均噪声亦低于国家特别安静区的标准。难怪这里如此清幽。登上海拔高达 268 米的主峰，还可远观澳门、香港一隅，一览壮丽的珠江入海口景观。

山腰林场：早春时分，云梯山山腰的林场则会变成一片黄色花海，为连绵的绿色川野铺上跃动的色块。云梯山山腰的林场内约种植一万棵黄花风铃木，每年都是清明前后落完了叶子后才开花，一朵风铃花从绽放到凋落大概持续一周。黄花风铃木正名为黄钟木，是一种会随着四季变化而更换风貌的树。春天枝条叶疏，清明节前后会开漂亮的黄花；夏天长叶结果荚；秋天枝叶繁盛，一片绿油油的景象；冬天枯枝落叶，呈现出凄凉之美，这就是黄花风铃木在春、夏、秋、冬所展现出的独特风味。黄花风铃木是巴西国花，原产墨西哥、中美洲、南美洲，近年来才成为中山绿化的树种。

花期时分，黄花风铃木的"花球"将把两片山坡覆上明黄的外套，远望半山腰，犹如朵朵黄云；步入林中，则是一片"碧云天，黄叶地"，但见疏朗的褐色枝头上，风铃状的花朵在微风中摇曳生姿，春情荡漾。一地枯叶与树上绽放的黄花相映成趣，生与死在此循环往复，燃尽生命的灿烂。

板芙金钟山郊野公园

望江楼上坐看日出日落

"白日依山尽，黄河入海流。欲穷千里目，更上一层楼。"童年时代的我最为好奇"千里目"的辽阔是何等视界。此时此刻，我站在金钟山鹤嘴峰处的望江楼上，将大半个板芙镇尽收眼底，脑海中不由

△ 金钟山公园入口 赵学民／摄

蹦出王之涣的《登鹳雀楼》。但见河网纵横交错、鱼塘波光粼粼。西侧，古神公路犹如神龙摆尾，蜿蜒而过。西江与石岐河在山下交汇，形同"二龙戏珠"。

当地的向导、从事城建规划的苏工告诉我，傍晚六时左右，在望江楼上可见醉美的黄昏日落。当余晖亲吻云霞，河面上金光灿烂，水天交融一色，此时无声胜有声。

△ 从金钟山远眺板芙镇　赵学民／摄

▲ 金钟拔地依江立

　　我久居城市、常宅于室，当第一次来板芙滨江湿地公园游玩时，就被眼前一览无遗的沙田风光所吸引。正在灯塔蓦然回首时，不远处一座连绵起伏的青翠山丘吸引住我们的目光。

　　"那里就是金钟山。"跟着向导苏工向山头车行不久，我们便抵达公园的入口。金钟山公园东临里溪村，西接古神公路，南起里溪村，北至金钟村，占地面积约1050亩，2011年申报为市级森林公园。金钟的得名则源于古代的地貌，《香山县志》记载："金钟山与湖洲山南北相距八里许，其西皆临深湾海，为一邑水口要冲。"相传这里"山由海生，涛击山石，声如钟鸣，故曰金钟山也"。经过沧海桑田的变化，金钟山四周再也不

△ 天罡亭　林小梅／摄

△ 金钟山上碉堡遗址旁的雕像，向后人诉说着当年抗日将士们的英勇事迹　林小梅／摄

见波涛汹涌的海湾，我们再也难以闻见海浪撞击岩石的钟声。不过，岐江河与西江在板芙镇的南端交汇，形成半岛状三角洲。站在金钟山顶，游人恰好可以眺望"二龙戏珠"的壮观景象，甚至可将中山、江门、珠海三市的万里平川尽收眼底。

从公园简介与地图可知，园内建有亭台楼阁，辅以历史浮雕作为点缀，营造出集休闲、观赏、健身为一体的城镇郊野开放性的综合森林公园，体现出自然环境、历史脉络与人文活动的高度融合。自2010年开工建设以来，园内已建成长约两千米的登山径，引领游客观赏日晷平台、四海亭、防空洞、天罡亭、东江纵队浮雕文化墙、碉堡遗址、望江楼等不同方向的景观建筑。

望江楼是当地政府投入450万元重金打造的观江平台，也是该园最具特色的景观，且因临近登山径入口，也是较为方便的览胜地。苏工介绍，它楼高三层，建筑面积达501.18平方米，最高点海拔有102.75米。其样式数中式仿古园林建筑，有人说，其"四边套八边形"的设计与黄鹤楼有几分神似。额枋檐梁上可见华丽高贵的仿古彩画。这种彩画大多体现在清代宫殿建筑中，以红、蓝、绿、金色构筑繁复图案，令人眼花缭乱。一些地方飞龙在天，张牙舞爪，很是气派。望江楼悬挂的对联写道："金钟拔地依江立，白鹤凌云带梦飞。"如今何来白鹤？原来金钟古时每到秋冬之季，便有万千白鹤归林，形成"青山白鹤染"的自然景观。

▽ 位于登山径入口不远处的望江楼 文波 / 摄

事后查阅资料发现，金钟山在古代便有亭台存在。《香山县志》记载了这里最早的亭台："金钟山在县西南（水道）三十五里。其东有烽堆。嘉庆十四年（1809）总兵许廷桂与海贼战，殁于此。"其后，村民又修建了足有两层楼高的圆形炮楼，可容纳30余人，用于观察、防范海贼侵入，作为村民自卫、保护财产安全的设施。在抗日战争及解放战争的年代，该楼均是战略要塞，可惜炸毁于硝烟中。

当地人对于金钟山有着"一山锁石岐"的说法，即倘若控制了金钟山，即可阻挡各式船只进入石岐城区。从古代文献中的烽火台，到如今的碉楼遗址与山腰的防空洞，都彰显出金钟山由古至今的重要战略地位，诉说着当地人抵抗侵略的英雄往事。

▷ 望江楼内部装饰着色彩斑斓的仿古彩画 林小梅／摄

△ 公园里还设有仿制树桩的桌
椅供游人休息 赵学民／摄

△ 四海林和四海亭 林小梅／摄

卧听松涛感想万千

　　通往望江楼的路上，同行的胡工对植物颇有研究。他介绍道，由于秉承"生态优先，适当开发"的规划设计理念，金钟山郊野公园的景观建设并没有对原生态植被造成太大影响。我们在途中便邂逅了一棵拦路的樟树，它并未因山径的修建而被拦腰砍倒，它像是守护山林的精灵，与我们招手相迎，提示我们绕它而过。

　　林业人员后期在园内加种了沉香、凤凰树、山桂花、含笑等名贵树种，乡土特色一脉相承。花树的盛开，也为山林增添了色彩。

　　抬头环视，森林茂密，松树比比皆是。山路两旁恣意生长的落叶松连绵一片，每当清风吹过，松涛此起彼伏。胡工笑称，幸运者还能看见寻找松果的松鼠。松涛海浪般的声音似乎还原了金钟山古时三面临海的声场。山路旁的四海亭便是卧听松涛的好地方。2011 年，板芙商会会长、四海集团行政总裁何志雄捐资 28 万元"认种认养"，带领公司员工来到

△ 位于道路中间的香樟树，并没有因为道路的修建而被砍掉　赵学民／摄

△ 蜿蜒的小路 林小梅／摄

△ 日晷平台上的日晷 林小梅／摄

△ 仿木纹的栏杆 林小梅／摄

金钟山植树，种下一片"四海林"，并捐建这座小亭。它与望江楼一样铺以蓝色瓦顶，但飞檐高翘，犹如大鸟展翅欲飞。

步行低头时，白花鬼针草随处可见。这种在全世界热带地区广泛分布的野草常常成片生长。我一直不明白，为何看上去如小清新邻家美眉般的它会被冠以如此"邪魅"的称谓。后来才知，小时候粘得人满身都是的刺球是它的种子。

由望江楼继续往南行走，便可抵达另一山顶的日晷平台。它的地面上刻着我国农历二十四节气的名称，途中也可经过天罡亭稍息一会。这是一座圆攒尖顶的亭子，样式端庄。天罡是古代北斗丛星中的名称，意指北斗七星的长柄。可惜的是，日晷平台与碉堡遗址各为末端，游览时只能选择其一。

山林里，总有一些美妙的声音在那目光无法触及的丛林深处窃窃私语。是鸟儿？还是其他什么动物？我曾经与孩子一同读过日本绘本作家荒井良二的《森林里有一块空地》。他以"野兽派"的笔触，讲述了一个没有结局的故事，余韵悠长：在名叫"想"的森林深处有一块叫做"空"的空地。年复一年，动物在这里开会探讨如何将它开发利用。是做温泉？建比山更高的东西，还是变成汪洋大海……每一个想法都头头是道，可都没有被付诸行动。一个狸子说："我觉得什么都不需要，原样就好。"可是大家并不认同。直到一头牛来吃草，驱散了热烈的会场，空地又恢复平静。

故事展现了"留白"之美，给人无限想象的空间。这何尝不是规划的一种境界？欲望无限的人们往往会在图纸上不断添加构建物，追求更大的房子，更宽的广场，更高的楼宇，可它们也让人们的身心愈发疲累。最终，我们发现，唯有自然才是最适宜呼吸的空间。有所节制、有所保留的理性开发或许更有助于社会的可持续发展。

▲ 龙王庙里的人间烟火

虽然沧海已变桑田，金钟山下的龙王庙依然屹立不倒。由公园入口通往龙王庙的小路掩映在树影与草丛之间，途经

△ 金钟古井的水质优良，是人们取水的好去处 赵学民／摄

△ 四清泉也是人们取水的好去处 林小梅／摄

△ 龙王庙 赵学民／摄

◁ 庙内宝殿端坐着龙王的雕像 赵学民／摄

金钟古井与四清泉，出水清澈。到访之时正值临近晌午，村内人烟依稀，只见古井旁还有几个开着摩托车前来打水的当地居民。尽管，古井之史实并不见于《中山市文物志》中，但其造型还是颇具古朴之意。

龙王殿坐落在小路的尽头，是一座简素的小庙，硬山顶，两进，门前挂有一副对联：英灵佑一坊，显赫护四海。据称，明清时期它香火鼎盛。如今，庙内宝殿仍然端坐着龙王本尊，但风光已似不复当年。阳光从一方小小的天井中投入昏暗的

△　离龙王庙不远的大树下，摆放了七八个武财神的陶瓷塑像　赵学民 / 摄

角落，激起无数尘埃飞扬。庙宇附近的一处老屋已是断壁残垣，呈风雨飘摇之状。倒是离龙王庙一步之遥的大树下，摆放了七八个武财神的陶瓷塑像，既有身着青衫，也有全副蟒袍，整整齐齐、精神抖擞地站立一排。供奉武财神寄托了汉族劳动人民一种祛邪、避灾、祈福的美好愿望。广东人讲究实际，现代人更盼望财源广进。在打鱼为生的古代，渔民们自然期待风调雨顺，归航平安。而在和平年代的当下，"恭喜发财"则已成为了人们的日常问候语。

如果说，望江楼上我们得以远眺大地，享受金钟春色、沙田风光、西江晚霞、渔舟唱晚的良辰美景，使文人墨客生发"况阳春召我以烟景，大块假我以文章"之灵感，那么金钟山下的小村则引发人们产生寂静深处有人家的想象。金钟山的西北麓古时为深湾海，后淤积成滩。查阅《中山地名志》发现，附近乡村多由其他地方的居民迁居此地而建。如金钟村是于清光绪六年（1880）由黄姓族群从象角大兴坊（属今沙溪镇）迁此建村。村内民居因一条金钟涌而分布在南北两岸，该河涌西通石岐河，可航行 20 吨位的船只。与其相邻的里溪村则旧名"鲤溪"，为清乾隆二年（1737）安堂林姓族人的迁居地。金钟山东麓的"大树林"村顾名思义，原是一片林木。民国九年（1920），赖姓人从白蕉（属今斗门县）迁居于此。从这些地名的历史中，现代人可读出清流、鱼跃、林语之意。难怪先人将此视为理想家园。

"中国环境美学的开拓者"陈望衡称"山水园林城市则是人类最理想的居住环境"。望江楼上，迎风眺望，但见板芙的河西，40 平方千米的沙田半岛仍保留着鱼米之乡的乡土气息。水网横纵交错，村落逐水而建，人们日出而作、日落而息；板芙的河东，则是高楼林立，工业蓬勃。由滨江湿地公园组成的休闲观光带、临江而建的高档住宅小区，历时 4 年，投资近 7000 万元建成的芙蓉大桥，以及绵延至古镇、横栏、大涌、神湾等地的古神公路，共同组成一座珠三角轻工业名镇的腾飞之歌。可见，田园牧歌与现代工业之间并非无法协调。城市家园亦可以诗意构筑。只是，它也需要每一个人将其珍视为家园，自觉地呵护这美丽的人居画卷。

游园指南

　　金钟山森林公园建有亭台楼阁，辅以历史浮雕作为点缀，营造出集休闲、观赏、健身为一体的城镇郊野开放性的综合森林公园，体现出自然环境、历史脉络与人文活动的高度融合。自2010年开工建设以来，园内已建成长约两千米的登山径，引领游客观赏日晷平台、四海亭、防空洞、天罡亭、东江纵队浮雕文化墙、碉堡遗址、望江楼等不同方向的景观建筑。

岐江河畔，静待花开

板芙滨江湿地公园

岐江河，中山人的母亲河，给一方生灵带来源源不断的滋养，也为一河两岸营造了柔美灵动的风景。当它进入中山市南部的板芙镇境内，一条平和的河道贯穿南北，将该镇分成了东西两区。说起板芙的历史，如果根据1986年7月考古发现的白溪村新石器晚期文化遗址和汉代沙丘遗址，早在5000年前，板芙白溪村已有人类活动，自古以来，当地便有"先有白泥坑（白溪旧名），后有香山（中山）城"的说法，可谓历史文化悠久。由于板芙西临西江，加之注重水质净化，当地生态环境优美，湿地资源也得到了较好的保存。

板芙滨江湿地公园因地制宜，正坐落于岐江河畔。充沛的水资源，优良的水质，茂密的植被，以及丰富多样的湿地生物，为"绿色板芙"书写了一张清丽的名片。

△　湿地公园的河堤是人们慢跑休闲的好去处　赵学民／摄

▲ 远离尘嚣，在水一方

清晨七点，我们驱车行驶在板芙镇的滨江路上，沐浴在熹微的阳光中，一路上行人零星，唯见道路一旁的美丽异木棉树嫣然一笑，已纷纷张开了花瓣。

这真是一种奇特的花。别以为冬季时百花凋零，这偏偏是它盛放的季节。有朋友曾笑道，又被称作"美人树"的它，若单看树上的每一朵花，经常是一开就败的形态，带着几分美人迟暮的可怜。再瞧那大腹便便的树干，啤酒肚似的身材，浑身带刺的一脸戒备。倒是满树姹紫嫣红，开得毫无保留。这位原产地南美洲的"美人"，自带着一股独特的异域风情，在此排行一列，热烈相迎，仿佛提醒着人们，公园已近在咫尺。

虽然此地并无标有"滨江湿地公园"的明显字样，但公园的设计痕迹在滨江路的四周处处可寻。岸边的风景沿着石岐河水一路延伸，绿色植物中不时点缀几个雕塑或座椅，还

△ 洋金凤 赵学民／摄

△ 龙船花 赵学民／摄

有一排白色柱阵，让人不由联想起岐江河畔的另一个公园——岐江公园里的标志性景观，事后向当地的规划设计人士打听，得知当时的灵感的确来源于此。

湿地公园内，最是迷人的当属这里与生俱来的水岸风光。眺望对岸视线开阔，并不见多少高楼大厦，近处多是绿树连绵，田野连绵，阡陌交通，一派田园牧歌式的岭南乡野景象。

远离了烦嚣尘世，人的耳朵变得愈发敏感。滴哩哩的鸟鸣声忽左忽右，节奏感的跑步声由远而近，还有不时夹杂着说笑声的散步声，一路伴随着我们在这狭长的绿道上行走。忽然，远处传来"突突突"的响声，迎面缓缓驶来一艘运沙船，惊起草丛中一只白色的水鸟。我们还来不及捕捉它的身姿，便见那鸟儿在天空优雅地划上一道弧线，消失于镜头之外。

△ 运沙船在河面上缓缓行驶　赵学民／摄

　　"那是海鸥。"在公园广场的灯塔下与我们汇合的苏工说。板芙镇地处中山市南部，东傍五桂山，西临西江，南连珠海，在湿地的滩涂中，还经常可见一种被当地人称为"蟛蜞"的小螃蟹。公园里也设有鸟类观赏点，游人每次到访，或许都会与自然界中的精灵来一场不期然的邂逅。

　　倘若借飞鸟的视角自空中鸟瞰，水岸边的公园犹如一条飘动在清波流澜上的绿丝带。清晨时分，在公园的绿道、木栈道和小广场上，总能遇见在此慢跑、散步或是练习瑜伽的健美人士。夜幕降临时，它又化身当地人的"情侣路"，印上许多心心相印的身影。哪怕只是一个人来，在此观鸟，赏花，或是深呼吸一口新鲜的空气，让纷扰的思绪随碧波荡漾，也是乐趣无穷的。

△ 在湿地公园健身的市民　赵学民／摄　　　　△ 仰望湿地公园的白色灯塔　赵学民／摄

🔺 各色亲水设计犹如"蜻蜓点水"

水，作为人类生存必需的一项自然元素，始终给人以清丽、柔美的想象，湿地公园，因水而生，也比一般的公园多了一层灵动之美。亲水性的公园设计不仅给游人带来愉悦身心的休闲空间，也激发着我们不断思考人与水、人与生物之间的微妙关系。

苏工介绍，作为板芙镇的一张绿色名片，板芙计划对滨江湿地公园（一、二期）的规划建设总面积达 1800 亩，力争将滨江湿地公园打造成省级湿地公园。

公园一期在利用当地天然地理位置的基础上，与原有的历史名称与建筑物进行了有机融合，重现了渔业码头、农耕

文化等传统风俗，使灯塔在不改变原功能的情况下以一个全新的姿态展现于人们的视野中。该期公园设计全线使用了凸出平台、下沉平台、木栈道等"蜻蜓点水"的方式，恰到好处地"入侵"到水域中，充分体现了水与人文相融结合的水乡特色。平时，这里是城镇居民低碳游憩的休闲场所，环境清幽，风景宜人。每逢端午佳节，滨江公园周围则会人头攒动，锣鼓喧天，聚满前来观看五人龙舟赛的观众。

苏工尤其喜欢下沉平台的亲水设计。涨潮时分，这里的水位刚好高至脚踝，家长与孩子们可一起下水嬉戏，其乐融融。"板芙境内的水质很好，有的河涌还达到二类水质。"自从板芙镇污水处理厂建成并投入运作及雨污分流工程实施后，石岐河水道的生态保护和生态建设得到提升。水质的净化也加强了对湿地的保护。

如果说，游客在一期湿地公园内还能看到较多的人工斧凿，那么在二期湿地公园里，则会体会到更多充满野趣和宛如天成的巧妙设计，它将使公众对湿地生态系统获得更立体、生动的认知。二期公园的规划设计将通过芙蓉大桥的连接，将二期的原生态湿地延伸到一期湿地公园，使一、二期湿地公园连成一体，相互呼应。通过对园区水系和交通的梳理，对原有部分鱼塘改造、生态恢复和重建，融入休闲旅游服务功能，滨江湿地公园将成为一处集科普宣教、鱼耕文化体现、生态保育、游览观光、休闲养生等功能于一体的湿地公园。

▲ "临水照花人"却是孤芳不自赏

从湿地公园小广场上的白色灯塔出发，作别依依的杨柳，踏步木栈道上，便可深入至湿地植物的怀抱。滨江景观带的林木目前尚不算浓密，在光线柔和的时分前来赏花，感觉更为宜人。在这晨露滚动的时分，木栈道的扶手在地上投下错落有致的格纹，水汽微茫中的水生植物也显得分外清丽。不过，美好的时光总是短暂的。眼见清晨的阳光从灯塔旁的大叶紫薇树的枝头开始往下流淌，很快，便在整个木栈道下洒落一地金黄。水中的植物在柔和舒适的阳光中逐渐苏醒，静谧中与你温柔对望，犹如《诗经》所云："蒹葭苍苍，白露为霜。所谓伊人，在水一方。"

△ 类芦 赵学民／摄

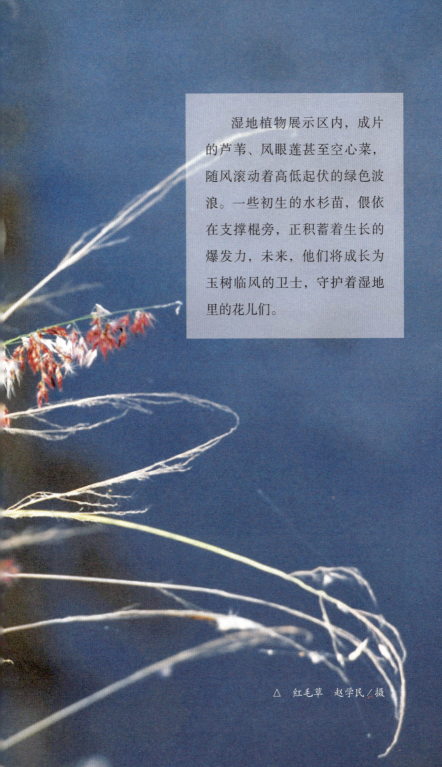

　　湿地植物展示区内，成片的芦苇、风眼莲甚至空心菜，随风滚动着高低起伏的绿色波浪。一些初生的水杉苗，偎依在支撑棍旁，正积蓄着生长的爆发力，未来，他们将成长为玉树临风的卫士，守护着湿地里的花儿们。

△ 红毛草 赵学民／摄

　　胡兰成称张爱玲为"民国世界的临水照花人"。像她这样的女子孤傲、不凡，可高洁的灵魂也难逃高处不胜寒的孤独。眼前的"临水照花"却并不寂寞。水中花儿多为丛生，与闺蜜们三五成群，仿佛正举行着热闹的沙龙派对。各美其美，美美与共。

　　滩涂中，两种高大挺拔的赏花植物尤其卓尔不凡。一种是水生美人蕉。在我这位植物学外行眼中，它们和陆生的亲戚并无多大不同，仔细对比，才能发现前者狭披针形叶面有一层白粉，叶色呈灰绿。但在花色上多盛开明黄或粉红的花朵，模样婉转动人。

◁　平常所见的陆生美人蕉大多为红色，生得盛气凌人，张扬着摄人心魂的明艳之美。此处的水生美人蕉则模样婉转动人　赵学民／摄

△ 第一次在中山见到再力花，事后询问树木园的林业专家廖工，才得以获悉它的芳名。这种水景花卉原产于美国南部和墨西哥的热带地区，是中国新近引入的一种挺水花卉，其名还内含了对德国植物学家约翰尼·赛尔的纪念 赵学民／摄

离木栈道较近处，是"水上天堂鸟"再力花的小天地。它们硕大的叶子形同芭蕉，青翠欲滴。数枝纤细的花茎高高挺立，茎端开出一串串素雅别致的细碎花朵，紫中带着一点浅蓝。从远处看，这些高达两米以上的细长花茎就像渔夫抛向水中的鱼竿，相当洒脱。

　　滨江湿地公园附近还有作为休闲配套的南北公园。当我们转进南公园，但见小桥流水，绿茵连绵，大面积的池塘里种植着成片的睡莲与荷花。只是时逢萧瑟之季，池水干涸，游客唯能"留得残荷听雨声"了。幸得园内尚有黄槐、红绒球、龙船花等赏花植物，带来一抹温暖的亮色。但很快，我们发现了一个惊喜，在靠近迎宾大道处，生长着大片丛生的芙蓉花。

◁　拱桥
赵学民／摄

◁　枯荷
赵学民／摄

△ 桥洞 赵学民／摄

　　随行中，通晓植物的胡工特别提醒，眼前纯白似雪的芙蓉其实能在一天中变幻三种不同的颜色：早晨初放时，它的花朵洁白；中午时分，它又慢慢变为淡粉；等到傍晚将谢时，花色渐浓，转为深红。顺着他的手指方向走近一朵"三醉芙蓉"，仔细端详，我们果然惊喜地发现一丝红艳正从花瓣边缘蔓延。

　　因芙蓉盛开于晚秋，亦有"千林扫作一番黄，只有芙蓉独自芳"的之称。但在这座公园内，芙蓉并非孤植，反而成群结队，形成巨大屏风，更是令人心醉。板芙与芙蓉之间，也有着难解难分的缘分。板芙的得名因境内地处板尾水与芙蓉沙，各取两沙洲首字而来。

△ 高洁优雅的芙蓉自古以来便是文人墨客乐于歌颂的花之缪斯。战国时期的屈原在《楚辞》中称"采薜荔兮水中，擘芙蓉兮木末"。唐代的白居易也留下了"花房腻似红莲朵，艳色鲜如紫牡丹"的佳句。眼前纯白似雪的芙蓉，其实能在一天中变幻三种不同的颜色：早晨初放时，它的花朵洁白；中午时分，它又慢慢变为淡粉；等到傍晚将谢时，花色渐浓，转为深红 赵学民／摄

　　洁净的水源，清新的空气，都是现代都市人梦寐以求的宜居要素。身为新中山人的苏工曾在多地发展，最后将板芙视为心灵的归宿，一部分原因也是出于对当地优良生态环境的认同。不过，他对记者说，水与空气都是流动的，污染也是会相互影响的。我们无法生活在与世隔绝的小宇宙中，唯有当环境保护成为共识，每一个热爱自然的人，才能在母亲河畔，尽享绿水青山、静看花开花落。

游园指南

　　岐江河将板芙镇分成东西两区。横穿该镇的迎宾大道将纵贯该镇河东区的105国道和河西区古神公路连接起来，交通路网发达便利。板芙滨江湿地公园位于滨江路旁，极具地理优势。目前，滨江湿地公园（一期）面积266亩，其中陆地面积156亩，湿地面积110亩，湿地率达到41.35%。公园配套有停车场、游客中心、公共厕所、公园广场、车行道、绿道、木栈道等基础设施，使游园出行变得快捷便利。

后 记

2011年1月4日，我在《中山商报》的"城市周刊"栏目策划了这个"公园"系列，试图给"中山地理"来一次微妙的转型。在过去的很长一段时间里，它把注意力投射在我们的乡村：古村、历史、大自然。记者们怀着郊游般的心情逃离城市，为郊野纯朴的民风与自然的风光而着迷，这其中就包括我。后来，这个项目又随着我调往《中山日报》而有所延续。时值森林公园在中山蓬勃发展之期，我们又将项目加以拓展，延伸至镇区，内容也更加丰富。

热爱自然是人的本性。我对武汉大学哲学系教授陈望衡来中山做客"香山讲坛"时讲述的"乐居的城市"记忆犹新。他说，乐居城市的第一点要求就是自然风景优美，有山有水有林，有花草也有动物。在高楼林立的城市，公园或许是最貌似自然的一片领域，这里草木丰茂，鸟语花香，只是，那修茸平整如地毯般的大草坪，那排列有序的花坛与林道，又无时无刻不提醒着你，这一切绝非天然。

究竟怎样的公园才能满足我们内心深处的自然渴求？当我们开始仔细观察身边的风景时，现象开始逐渐显露。从绿化，到园林，再到景观设计。在公园设计相关领域的语境变化中，我们似乎窥探到一点观念的发展。起初，我们抱着寻找成功的公园设计细节的想法去探寻，然而，在一次又一次的实地走访中，带着问题，带着好奇，带着另一种眼光去审视，我们发现，公园不仅仅为我们展示了都市人接近自然的一种可能，也是对城市文化内涵的生动诠释。正如中山岐江公园的设计者俞孔坚曾言，城市景观是城市灵魂的展现，是价值观的体现，是意识形态的反映，意识形态的符号化，意识形态打在大地上的烙印难以抹去，这个烙印是时代又是通过城市人创造出来的。

当"寻路公园"逐渐成为我们的一项创作计划，我发现它的进程是如此缓慢。这一方面是因为本人的拖延症，在完成日常工作和照顾家人之余边学边做，体力有限；一方面是希望寻访当年的设计者，聆听他们的灵感来源，花费了不少时间。另一方面，也因为我希望能够体验每个公园的成长和最美景致，往往对同一处多次走访，感受季节变化带来的不同。

书中记载的这些公园，你对它们的名字或许并不陌生，你可能经常从它们的身边经过，甚至也曾经多次到此一游，你认为已对它们的前世今生了如指掌了，甚至有点审美疲劳。不过，当你从我们摄影师的照片中重新邂逅它的身影时，不知在你的脑海中是否激荡起一个惊叹号。

我特别钟爱中山公园与月山公园那两个专题的图片，黄昏与清晨，是老公园最朦胧的时刻。我们的摄影师对那暖色与冷色交汇的瞬息万变最为敏感，但见天色逐渐黯淡，饥饿感袭击神经，他仍在公园中乐此不疲。他说，下午光线最弱的时候，反而能拍出更强的色彩和明暗的对比。每一张照片中，树影，建筑，落叶，夕阳，仿佛都在诉说着一个故事，有一个古老的灵魂为你娓娓道来。

作为一名景观设计、城市规划的外行，此次书写的过程也是我学习的过程。置身海洋文化的语境中，岭南园林犹如一本写不尽的书。而"森林公园"与"湿地公园"的话题，则让我对中山的植被特色和地理特征有了初步理解。可以说，公园犹如一扇窗，开启了我对另一片天空的瞭望。在"寻路公园"的旅途上，本次写作只是一个开始。

在寻访公园的路上，也激发着我的思考。公园不仅是城市的"绿肺"，它与城市生活之间也是相互影响的，优秀的公园设计应该是与城市文化结合在一起的，即可以让人们体验当地文化，感受当地风土人情。当我拉着孩子的小手漫步于公园小径上时，我不禁在想，在孩子的心里，这样的公园之旅会留下怎样的城市印象？

能将这些不成熟的随想结集成这本小书，必须感谢一些人，他们是支持我们的中山日报领导、与我共同完成公园之旅的摄影同事、带领我认识公园之美的各位设计师、工程师、植物学专家、规划师等专业人士，他们将所学所知慷慨相授，义务承担了我们的向导，如吴颖、杨中美、廖浩斌等。因为我当时的疏忽，许多专家没留下他们的全名，只在文中以"某工"为代，实在愧疚万分。另外，还要感谢为我指点迷津、牵线搭桥的众多学界长辈、为我写序的胡波博士、细心又耐心的责任编辑和出版方负责人，以及做我坚强后盾的家人。没有你们的帮助和支持，我恐怕难以完成这本班门弄斧的小书。因为水平有限，加之当时行文仓促，书中难免存在纰漏与不足，恳请各位老师、同仁和读者批评指正。

这是一份尚未完成的作业。皆因在等待出版的过程中，中山又涌现了不少新的公园，一些旧有的公园也有了新的变化。我期待与大家牵手同行，继续记录城市，感受自然。

2019 年 7 月于中山石岐